職業生涯不留遺憾的

40歲後的工作術

会社人生を後悔しない
40 代からの仕事術

石山恒貴
+PERSOL 企管顧問公司

賴郁婷 譯

「其實很清楚自己再這樣下去不行，可是現在每天光是眼前的工作就忙得不可開交……」

（42歲，業務）

「現在一定要忍耐。
只要忍過現在，就還有升遷的可能。
以前不也是這樣忍過來了嗎？」

（47歲，總務）

「真倒楣，被分配到一個什麼都不懂、年紀還比自己小的主管。
我看一定只會遭到不合理的對待。」

（54歲，系統管理）

「真想辭掉工作。
反正我有實力，到其他公司也能生存！
可是以現在的年紀，要換工作好像有點太晚了。」

（44歲，設計）

「我才幾歲，
竟然就突然被調離管理職！
公司根本錯看我了。」

（55歲，行銷）

PROLOGUE

「我的職業生涯難道就這樣嗎？」

我叫做石山恒貴，任教於日本法政大學在職研究所。

專長是「人才管理」、「人才培育」與「跨界學習」。

簡單來說就是專門研究**個人與企業之間的理想關係**。

我的第一份工作是在一家日系的大型電機製造商。

當時隸屬於人事部，從那之後有很長一段時間，我一直都是從事「個人與企業」相關的工作。

無論是以企業人事主管的身分站在第一線，或是後來針對「上班族」和「組織」問題深入研究，我關注的問題始終都一樣：

「為什麼許多上班族都會在中高齡時遭遇『停滯期』？」

本書中所指的中高齡，包括了「40～54歲的中年級員工」，以及「55～69歲的高年級員工」。

在擔任人事主管期間，我見過許多**中高齡憂鬱**的情況。

「過去原本業績始終保持第一，但是過了四十歲之後卻突然跌落谷底……」

「自從以前的晚輩變成主管之後，感覺自己好像始終無法融入大家……」

「因為役職定年（譯註：指到了一定年紀之後就必須卸下管理職，保障晚輩的升遷管道）被調離管理職之後，整個人就完全失去鬥志……」

各位當中或許有人會覺得以上說的就是自己，或者是讓你想起公司裡的某個同期或前輩。

「我的職業生涯不應該是這樣才對……」

「我所有的努力全都白費了，這一切都是公司的錯，我無法原諒……」

「就這樣了吧……可是這樣真的好嗎……」

本書的用意就是為了解開各位的這些困擾。

提供踏入社會二十多年，卻**面臨「焦慮」與「停滯期」的中高齡上班族一個「重新啟動」職業生涯的工作方法**。

四十歲之後的停滯其來有自

擁有二十年以上經歷的職場老手，真的還需要學習「工作方法」嗎？

為什麼這些飽嘗工作辛酸、經驗豐富的人，非得特地學習「重新啟動職業生涯」

的方法呢？

原因簡單來說就是因為，**現代日本中高齡上班族的煩惱背後，其實存在著「結構性的因素」**。換個說法就是，這些挫敗除了自己的努力不夠以外，還有「其他」原因。

相信各位一定也聽過「公司裡的中年人都是一群不做事的人」這種說法吧。近來甚至在部分媒體上也可以見到這種煽動性的言論。

然而，如果能夠瞭解這種情況都是起因於日本企業的特殊結構，或許就會有稍微不同的觀點。

如今那些焦慮說不出口的人，在某個角度來說，其實非常「正常」。因為**他們的焦慮事實上都是「其來有自的正常現象」**。

這種問題是我們研究人員擅長的領域。

在我所擅長的人力資源管理等領域中，從以前就經常可以看到這種「傳統日本型雇用會造成制度疲乏，導致員工的工作表現變差」的分析結果。

同樣的，身為研究人員的我們，也必須根據這一點提出「有用」的建言，例如「必須針對職場和制度進行改革，讓每個人都能發揮實力」。關於這種作法，我完全贊同。

甚至可以說想要解決最根本的問題，一定要從組織、企業和職場方面開始採取行動。

為什麼認真工作的人，最後會深陷煩惱中？

雖說改革必須從組織和企業開始著手，不過**本書的內容主要針對的還是「員工個人」**。之所以刻意把焦點擺在個人身上，主要有兩個原因：

一是「個人想法」的問題。

雖然我前面一直提到中高齡的人，對自己卻完全隻字不提，不過老實說，一九六四年出生（執筆當時五十三歲）的我，也是這個年齡層的一分子。

加上我正式成為大學講師不過才六年前的事，因此**「中高齡憂鬱」對我來說，絕非事不關己，反而是切身的問題**。

話說回來，我們這一輩的人剛踏入社會的時候，正巧是單身宿舍的全盛時期。一般的員工宿舍通常是兩人一房，裡頭連空調也沒有，夏天幾乎熱到無法入睡。當時別說是手機了，房間裡連電話都沒有，所以下了班一身疲憊回到宿舍，如果想打電話跟朋友聊天，只能利用外頭大排長龍的公共電話。加上經常加班到深夜，回到宿舍時早已過了熱水供應的時間，只能用浴缸裡冷掉的水來洗澡。諸如此類的事時有所聞。

這絕非是想炫耀什麼「當年勇」，這些對當時的企業新進員工來說，根本是家常便飯。

我們這個世代被稱為「泡沫期入社族」（譯註：指泡沫經濟末期踏入職場的世代）。雖然背負著這種半侮辱意味的稱呼，不過我們多數人依舊都是拚了性命地為公司奉獻努力。

儘管如此，年屆中年卻還得遭受來自上下世代「泡沫世代是公司裡的寄生蟲」的嘲笑，實在讓人心裡五味雜陳。甚至不少人會覺得**「自己一直這麼努力為公司拚命，沒想到公司卻一夕之間翻臉不認人」**。

我過去在企業任職時，雖然也得到不少人的幫忙，不過當然挫折也不少，每一次都讓我覺得自己已經快撐不下去了。

所以，對於那種**似乎突然停止前進，無法形容的停滯感**，我還印象十分深刻。當然，這種感覺以後也還會再出現。換言之，這本書不僅是為各位所寫，也是我為將來的自己所寫的一本書。

等待公司改變只是「浪費時間」

很抱歉前面提到我個人的事。這本書主要針對個人、而非組織的另一個原因，是出於一個更實際的理由。

也就是**我認為「日本型雇用在接下來想改革也沒那麼簡單」**。這是我在過去擔任人事主管時觀察第一線狀況所得到的心得。

雖然現在大家都說「日本型雇用已經是過去式」，但若要說日本企業的雇用環境是否真如媒體所言已經改變，答案似乎不是那麼一回事。

姑且不論結果是好是壞，**導致「中高齡憂鬱」現象的結構性因素，恐怕不是一朝一夕可以改變的**。

舉例來說，過去我任職的是一家擁有數萬名員工的大企業。在如此龐大企業的人事部工作讓我深刻體會到，想要大刀闊斧地改變組織絕非容易。

即便是後來以研究員的身分深入各個企業，也經常可以發現，早該是「過去式」的日本型雇用，依然根深柢固地存在於許多地方。

對於日本型雇用導致制度疲乏的現象，我當然不會否認。如今的確是該認真思考該保留什麼、哪些又該進行改革的時候。只不過，**實際的改變應該是橫跨五年或十年，甚至是二十年這麼長一段時間的事才對**，不是嗎？

這時候一定要記住的一個事實是：**「在漫長的改革當中，我們依舊必須面對工**

作，**面對自己的職業生涯。」**如果自己什麼都不做，只是等待外在環境改變，最後很可能只是在「浪費時間」。

如果是這樣，要想克服停滯感，就不能只是講求制度改革這種「大道理」，最後還是得回到現實層面進行「個人的改變」。

這就是我之所以想針對「個人」寫這本書的第二個原因。

「努力認真就能克服一切」的道理為何不再適用？

聽到「克服『中高齡憂鬱』必須靠『個人的改變』」，各位會想到什麼呢？

例如努力嗎？也就是所謂的**唯心論**。包括參加講座受到鼓舞而產生鬥志，也是屬於這一類。工作經驗豐富的人都知道，這種「仰賴鬥志的方法」根本無法長久。簡單來說就是**無法持之以恆**。

既然這樣，如果「投入心血」呢？簡單來說就是強調工作技術，運用可提高工作效率的技巧提升每單位時間的產能，找回過去的工作成績。只不過，中高齡階段的焦慮感，**並不是光靠提升或改善技術這種表面性的方法就能解決的**。

那麼「向前輩學習」如何呢？也就是所謂的**楷模學習論**，意指向成功者學習並且仿傚。但是，近來的正向心理學重視的是發揮個人特殊才能與擅長。若能找到正巧適合自己的模範對象倒是另當別論，只是**這世上根本沒有足以成為眾人典範的例子**。因此，作為個人改變的第一步，這個方法的效果並不好。

簡單來說，光靠努力或提升技術，或是學習成功範例，都無法解決「中高齡憂鬱」的問題。

但也不是說「這些方法全都無效」。

只不過**「只靠」這些，很可能會偏離了最重要的「目的」**。

既然如此，到底該怎麼做呢？

以「4700人」為對象所得到的「中高齡上班族」的科學方法！

這種時候，最有效的就是**以研究數據為基礎的科學方法**。

請各位想像自己在森林裡迷路了。這時候首先最重要的是拿出指南針，掌握「走出所在位置的大概方向」。迷路的時候如果慌張到處亂走，或是循著路邊動物的足跡，恐怕都不是最好的方法。

面對工作也是一樣。假設在公司裡待了二十幾年後遭遇某種「困境」，**首先要做的，應該是根源數據大概掌握「成功的人都做了些什麼？」「沒有成功的人又是在哪裡跌倒的？」**。

遇到瓶頸的時候，如果無法忍受而仿照公司裡某個特定人物的作法，或是照著媒體上看到的極端例子去做，很有可能會瞬間跌落「谷底」，或是繞了無意義的「遠路」。

如果前提是想從充滿焦慮的「森林」裡逃脫、確實返回「自己的道路」，首先一定要「掌握大概的方向」。

為此，我在二〇一六年十二月和PERSOL企管顧問公司的研究員共同進行了一項「針對中高齡上班族工作方式與就業意識大規模調查」的研究計畫。

這項研究計畫**以4732名任職於一定規模以上企業的中高齡世代上班族為對象進行問卷調查，並且做出數據分析**（關於本書中所提到的數據，請參考P296-297）。以單獨針對中高齡世代所做的調查來說，這項研究計畫的規模是有史以來最龐大的。而本書就是這項珍貴調查所得到的發現結果的最終「凝結之作」。

愈瞭解「公司內部消息」的人，愈容易遭遇成長困境

「什麼事都不做、失去鬥志的前輩，我們公司裡多的是！」

「我已經見過太多例子了，不需要再知道什麼數據！」

應該有人是這麼想的吧。

既然中高齡憂鬱的部分原因是因為企業結構造成，**想必各位身邊類似的例子一定也是「大量產出」。針對這個問題，說不定也早有某種「自我觀點」**。

對於本文一開始「為什麼許多上班族都會在中高齡遭遇『停滯期』？」的提問，應該有很多人都想發表意見吧。

但是，我相信說出「那個人是因為〇〇才變得無心工作，我可不想變成那樣！」這種「精闢分析」的人，很多一定也差不多都是年屆四十，即將遭遇相同的「困境」。

也就是說，光靠從身邊的個案中學到教訓，並無法幫助自己輕鬆躲過或克服「中高齡憂鬱」的困境。

根據前述的研究計畫得到的分析結果，可以更確信的一點是，**千萬不能只是用「不做事」、「失去鬥志」、「停滯感、焦慮感」等說法簡單帶過而不去思考，還是必須用科學的方法審視背後的原因，找出適合所有人的應對方法**。

還有很多「自己能夠做的事」可以避免留下遺憾！

雖說如此，但是我們也不敢勇敢地在這裡告訴大家「依賴公司的時代已經過去了！接下來我們要靠自己的力量走出一條路！」。

擺脫上班族的身分或是創業，當然也是選項之一。不過就算是留在現在的職場上繼續工作，還是有很多可以改變的事。

但是本書並不是要各位安逸地「維持現狀」。因為只要造成困境的「根源」繼續存在，**就算調動工作或是轉換跑道，甚至是創業或退休，這種停滯感都不會消失**。

到頭來還是需要有所行動才行。

最後，我們並不是要強迫各位「利用書中的方法讓自己成為『高生產力』的人才」。再怎麼說生產力都只是附帶結果，並不是擺脫「中高齡憂鬱」的目的。

我們期望的是**消除各位如今面臨的停滯感，提供各位方法，讓剩餘的職業生涯不留遺憾**。

此外，在前述的研究分析中也可以發現，這些方法甚至能夠為「退休後」帶來正面影響。

換言之，掌握擺脫「中高齡憂鬱」的方法，就等於**擁有「終身受用」的資產**。

＊　＊　＊

人有無限可能。

不論是誰，不管從幾歲開始，都可以擁有遠超乎想像的成長。各位或許會覺得這只是場面話，不過這是實際站在職場第一線的我深切體認到的道理，也是身為人才培育研究者的我深信不疑的一件事。

希望這本書能夠為各位「踏出第一步」盡一份棉薄之力。

石山恒貴

職業生涯不留遺憾的
40歲後的工作術
目次

PROLOGUE

CHAPTER 0 中高齡憂鬱

CHAPTER 1 先做再說 [Proactive]

CHAPTER 2
為工作賦予意義
[Explore]

CHAPTER 3 擅長和比自己年輕的人相處 [Diversity]

CHAPTER 4

找到自我存在價值

[Associate]

CHAPTER 5

善用所學

[Learn]

CHAPTER 6

預知「現實」

[RCP]

CHAPTER 0

中高齡憂鬱

現在開始你能做的事1

別把42.5歲以後的停滯感視為「都是自己的錯」

對工作失去熱忱的人「只有自己」嗎？

「人生不是只有工作……」
「反正也沒有特別想要升遷……」
「只能就這樣忍到退休了……」

學習關鍵字
升遷陷阱　升遷欲望
工作表現　兩大谷底

我相信一定有人每天是抱著這種心情面對工作。

在這裡要先聲明的是，我們絕不是要否定這種想法。「多元的工作方式」與「職場多元化」在接下來的時代將逐漸受到認同，當然，各人面對工作的態度也理當呈現多樣化。

不過請別忘了，就如同前面說過的，**「對工作和公司失去熱忱」的感覺本身，其實是出於結構性的因素**。

各位或許會認為是「自己運氣不好，正巧陷入困境」。但是，實際上這也可能是日本型雇用這種大型體系帶來的「必然現象」。假如真是如此，這些煩惱和心態別說是「多樣化」了，甚至可能以極度「一致」的樣貌一再發生。

「不是這樣的，是我『原本』就打定主意『不想升遷』了。」

「不是的，我只是『剛好』四十歲之後開始失去鬥志而已。」

「不是啦，『面對工作隨便就好』只是『我個人』的想法。」

當然也可能真的是這樣沒錯，但是，萬一大家都「被當成這樣」，豈不是太冤枉了嗎？

既然大半輩子都要花在工作上，當然會希望時間能夠花得更有意義。我相信有這種想法的人，一定不是只有我。

面臨工作表現的「兩大谷底」

我們所進行的大規模調查，正好可以提供這方面的思考。以下就先介紹一個非常有趣的數據。

〔圖表0-1〕**以每兩歲為一個區隔，將40～59歲的工作表現以數值來呈現。**

◉ 圖表0-1　工作表現（40～59歲）

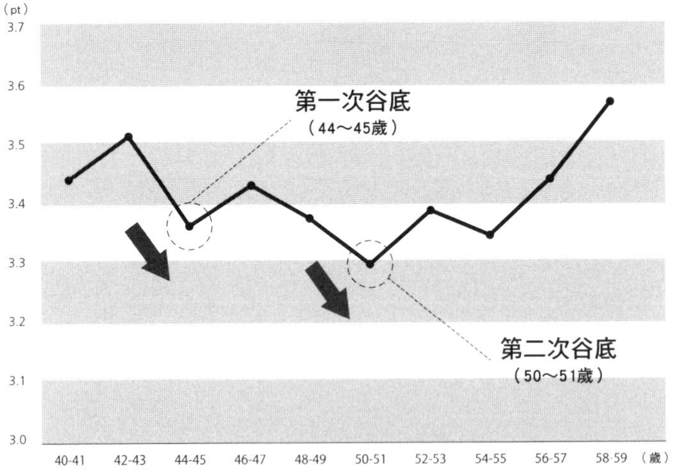

中高齡上班族的工作表現會經歷「兩次谷底」

出處：石山恒貴、PERSOL企管顧問公司（2017）中高齡上班族發展實情調查

有人可能會問「工作表現」代表什麼意思？在這裡請各位暫且先把它當成「在工作上的活躍程度」來看待。

根據這個圖表可以知道，**45歲左右和50到55之間，分別各有一個「谷底」**。也就是說，原本一直保持某種程度的工作表現，到了45歲左右會急速下滑，甚至在50歲前後遭遇到「二度探底」。

42.5歲之後「不想升遷的人」變多了

這兩大谷底和日本企業自戰後以來長期建立起來的獨特雇用習慣，也就是**日本型雇用**，有相當密切的關係。這兩次的探底變成「事業的轉折點」，**讓人在特定的時機點遭遇到「停滯感」的襲擊**。

導致第一次谷底出現的原因，就是所謂的**升遷陷阱**。

日本型雇用最大的特色之一在於，透過「應屆畢業生統一錄取」方式進入企業的人，與同年進入公司的「同期」員工，大家都是處於同樣的起跑點。

這種制度最大的特色是，讓人對升遷抱持期待，認為「只要比同期努力，說不定可以提早獲得升遷機會」，有助於員工持續保持幹勁。

不過，這種方法的效用頂多只會影響到40歲。過了約45歲之後，「表面上的平等」的真相就會被看破，同期之間的差距已然擴大到無法漠視的程度。到了這個時候，訴諸「只要努力，總有一天有機會升遷」這種「小小期待」的策略，對多數人來說便會失去作用。

從公司安排好的升遷管道中落敗的人，於是因此陷入「不該是這樣……」的失落中，完全喪失鬥志。

這種現象連帶也會影響到工作表現，造成45歲左右出現「第一次谷底」。

下頁〔圖表0-2〕顯示的是「升遷欲望的變化」。

以42.5歲為分界點，「想升遷」和「不想升遷」的比例變得完全顛倒。而且可以看到，「不想升遷」的比例從42.5歲之後便開始一路攀升。

「不應該是這樣！」

不僅如此，造成「第一次谷底」出現的「升遷陷阱」所造成的影響，比起過去，現在的狀況要來得更嚴重。

與過去「齊頭式文化」尚能發揮作用的時代相比，如今的經營環境已經大不相同，職位也少了許多。

為了讓所有員工都對升遷抱持希望，勢必需要大量適合的職位。在過去經濟持續成長的年代，各家企業都在擴大事業版圖，因此要增設職位相對來說比較容易。

在擴大事業版圖的同時，企業內部也相繼增設許多全新的職位，包括「擔當課長」和「沒有下屬的管理職」等，作為對應員工

◉ 圖表0-2　升遷欲望的變化

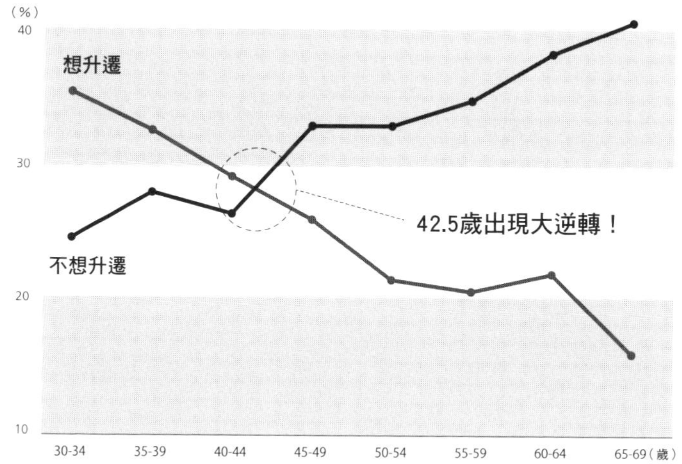

「升遷陷阱」引發「第一次谷底」？！

出處：PERSOL企管顧問公司（2017）萬人上班族成長實情調查

升遷期待的「位置」。

然而，隨著經濟成長逐漸衰退，這種方法也跟著面臨瓶頸。「以過去來說早就當上課長」的人，如今卻遲遲無法獲得升遷，只能繼續以小員工的身分待在公司裡。這種情況相信一定非常多。

同樣的，從人口動態的觀點來看，在中產階段中所謂的戰後嬰兒潮下一代（1971～1974年出生的世代）紛紛來到45歲的現在，有限職位的爭奪也比以前來得更常見，而且更激烈。

三十年前經濟泡沫期（1988～1992）被大量錄取的這些人，在2018年的現在都已經來到48～52歲了。這些人年輕時期待會實現的未來，如今全數化為泡影，**心裡當然會有無數個「為什麼會這樣……」的疑惑**。

現在開始你能做的事2

為邁入50歲之後將面臨的「最深谷底」做好準備

☜學習關鍵字

退位瓶頸　役職定年
職務加給　減薪

以「年齡」為標準的不合理人事制度

50歲左右的「中高齡所面臨的最深谷底」，又是什麼原因引起的呢？從結論來說，一般認為是受到**退位（役職定年）的影響**。退位指的是在某個一定的時間點（年齡）就必須卸下職務的作法。

有些企業會將這種作法視為規定，當成公司內部的人事制度實施。以大企業為主的許多企業，經常可以聽到員工到了50或55歲之後便被撤下職務的例子。也有不少企業雖然沒有明文規定，不過同樣以55歲為上限，到了這個年齡就會解除員工的職務。以年齡作為標準來決定職務的這種作法，放眼國際可以說只有日本才有。包括制度性（即「役職定年制」）及非正式的卸任，在這裡全部都統稱為「退位」。

除了升遷為高層的人以外，其他的員工都會面臨退位的問題。這種作法除了可以確保晚輩的升遷之路，對公司來說另一個好處是，能夠降低薪資等人事費用。被解除職務者，除了降為一般員工以外，也有被轉調擔任沒有下屬的管理職（如擔當部長等），或是調離到集團其他公司的例子。

當「升遷」的誘因已然失效

為什麼退位會引發「中高齡面臨最深的谷底」呢？

最典型的例子應該就是**喪失目標**了。任職於企業的上班族，尤其是已經爬升到一定職位的人，通常都會朝著更高的職位為目標繼續努力。而**退位則會使得這種職位晉升的激勵失去作用**。

即便是好不容易撐過第一個「谷底」，順著公司提供的升遷管道一路往上爬的人，到了這個時候也會突然被斬斷夢想。

「現在是課長，說不定接下來能當上次長……」

「雖然現在只是副部長，不過只要拚一點，應該可以升上部長……」

將這些小小的期待「化為烏有」的，正是退位。

從這個角度來思考，50歲前後面臨到的退位會引發最嚴重的「谷底」危機，其實一點都不奇怪。因為原本一直以來都順著公司的升遷管道，朝著「晉升、升格」的目標努力，卻在退休前夕瞬間全部「泡湯」。

「我一路走來這麼拚，到底是為了什麼！」

「公司一夕之間翻臉不認人！」

想必很多人都有這種感覺。退位的人會失去努力的目標、工作表現變差，也是很自然的事。

比起「薪水」，更棘手的是「尊嚴」問題

退位之所以會引發中高齡的事業谷底，除了上述的原因之外，還有非常多其他因素，例如**薪水變少**也是其中之一。

成果主義在日本的引進已經經過很長一段時間，但是許多企業在員工的薪資上，依然可以見到「年功序列」的影子。即便有愈來愈多企業紛紛引用「職務主義」，將個人的工作內容反映在薪資上，不過在加薪和升遷方面，實際上還是會合併採用以年資作為標準的管理方式。

以最極端的角度來說，這種作法意味著即使工作表現一如往常（或者就算表現變差），只要年紀愈大，薪資就會跟著增加。

等到面臨退位的時候，才頭一次遭遇「減薪／薪資不再往上調升」。

不過最讓員工無法忍受的，恐怕是以下的情況：

「自從退位之後，原本一直是下屬的晚輩，頓時間成了自己的直屬長官。」

「比自己年輕好幾歲的人，變成了自己的主管。」

造成這種現象的，同樣是以應屆畢業生統一錄取作為開端的「年功」制度文化。退位同時也成了徹底摧毀「前輩，同期，晚輩」這種單純秩序的時間點。

察覺自己一路走來的「忍耐」

一想到「退休」，人就會自動失去鬥志

前面分別介紹了「升遷陷阱」和「退位」等日本型雇用造成「中高齡憂鬱」的兩大特徵。想必各位現在應該已經瞭解，踏入社會二十多年之後所面臨的這種不知所為何來的瓶頸，不過只是企業結構帶來的必然現象，一點也不奇怪。

☜ 學習關鍵字

職涯終點　退休　忍耐力
延後退休年齡　人力不足

真正的問題在於，很多人這個時候都會**把焦點擺在「『修正』自我價值觀以熬過現狀」**，而不是「擺脫『憂鬱』」。

「反正人生不是只有工作」、「我其實也沒有特別想要升遷」之類的價值觀，可以說只是一種「防衛反應」而已。

造成這種想法的背後因素，正是日本型雇用的另一個特徵：終身雇用。

也就是說，這個瓶頸是有期限的，最久不過「到退休為止」。**只要忍過退休前剩下的10～15年的時間，接下來就是輕鬆自在的退休生活在等著自己**——正因為有這種想法，所以就算再怎麼心有不滿，也不會輕易採取行動。

〔圖表0-3〕呈現的是一般上班族對「職涯終點」的意識變化。

◉ 圖表0-3　面對「職涯終點」的意識變化

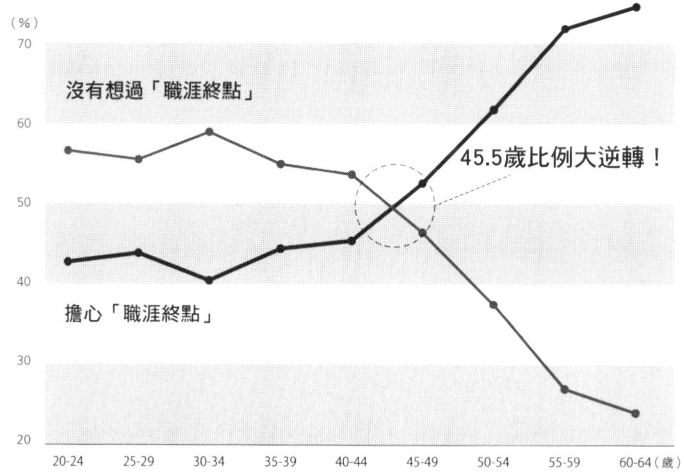

你也有「忍到『退休』」的想法嗎？

出處：PERSOL企管顧問公司（2017）萬人上班族成長實情調查

「職涯終點」幾乎就相當於是「退休」。從圖表可以知道，45歲之前「沒有想過退休的人」比例佔多數。但是到了45.5歲之後，「擔心退休的人」變多了，接下來更是一路增加。

「再忍個幾年就行了」的想法毫無幫助

關於這個現象，讓我們來看另一個值得深思的數據。

近來自由工作者的人數日益增加。根據一份比較上班族與自由工作者「重要能力」的調查顯示，上班族幾乎在所有能力上都遠遠落後於自由工作者，「唯獨一項」數字高過對方（＊01）。各位認為是什麼呢？

答案就如同下頁〔圖表0-4〕所示，是**「忍耐力」**。公司確實是個會讓人產生各種情緒的地方。長時間工作是理所當然，而且偏偏會選在「買新屋」或「生孩子」等開心的事情發生的時候，被告知得離開家人隻身派駐到外地。

或者，就算原本負責有挑戰性的工作，也不表示永遠會是如此，可能突然間就被調離其他職務。強迫自己面對處不來的上司更是家常便飯。儘管如此，比自己混的人卻受到肯定，獲得升遷的機會……這些不合理的現象，相信一定也經常出現在各位的日常中。

然而，**多數的上班族還是會選擇「忍耐」這些不合理**。因為這麼做對自己的好處更多。只要忍耐，就可以一路爬到不算太差的位置，得到較輕鬆的工作，在退休後領到一大筆退休金。因為這些，所以才忍得下去。

但是，現在時代已經改變了。就連退休，很明顯地也已經不會再像以前一樣了。從二〇二一年開始，公務員都必須「延後退休年齡」。這個決策已然成為話

◉ 圖表0-4　上班族與自由工作者「重視的能力」之比較

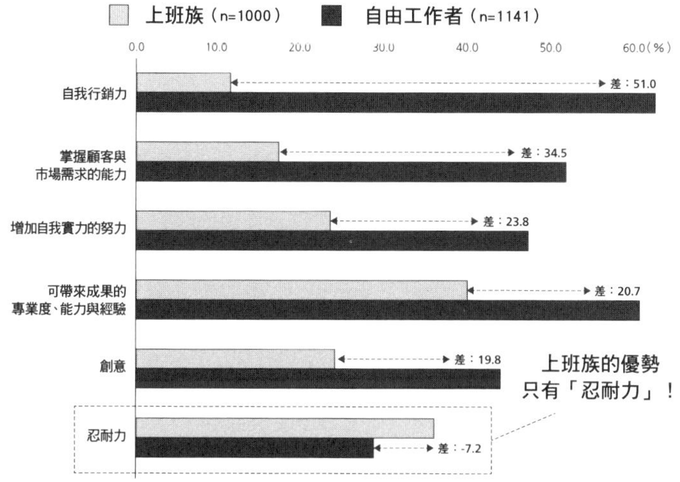

你是否也不知不覺地選擇了「忍耐」呢？

出處：專業與斜槓之自由工作者協會（2018）自由工作白皮書2018為依據，由筆者自製圖表

題，民間企業接下來肯定也會加快腳步趕上這股趨勢。

不僅如此，如今的社會強調「人生百年時代」，退休後也還有二十年、三十年、四十年的人生。為了確保擁有國家年金以外的收入，退休後繼續在其他地方工作的人，比例肯定會增加不少。

如果從這一點來看，**「中高齡憂鬱」就不再是「有期限」的現象了**。已經不能再有「只要熬到60歲就行了」，或是「反正退休之後就能輕鬆自在地生活，不必再為工作什麼的煩惱了」的想法了。

只要現在重新開始，帶來的好處將無可計量

在這裡我並不打算再老調重彈地恐嚇各位「如果再繼續這樣什麼都不做，可是會被公司拋棄的唷！」。因為我並沒有特別要挑起各位的危機意識，迫使大家換工作或自行創業。

我想說的反而是，**如果可以在中高齡期適當地「重新開始」，不只退休前的職業生涯，對於退休後的充實生活，都可以帶來相當正面的效果**。

我再重申一次，我的意思並不是要各位「改變工作方式以提升產能」，或是「想辦法提升業績」。產能和考績或許是幸福的要素之一，但這些絕對不能變成目的。提升產能和業績表現充其量都只是「企業＝資方」的評價指標而已。

雖然這麼說，但是對於公司期望員工能有活躍表現這一點，事先瞭解也不算壞事。擁有豐富知識與經驗的各位，對企業來說都是所謂的競爭優勢。許多企業都相當期待中高齡員工能夠擁有活躍的表現，但是另一方面卻也因為找不到具體方法而束手無策。

再加上如今的人力嚴重不足，根據PERSOL企管顧問公司與日本中央大學共同進行的一項試算結果，**到了二〇三〇年，日本的人力缺口將會達到644萬人**（＊02）。在這種情況下，除了新人以外，企業也不得不認真思考**如何激發公司既有人才的表現**。屆時中高齡員工的活躍可以說將會成為最有力的選擇之一。只要從現在開始踏出第一步，一定可以快速助長這股環境變化的速度。

暫時停下腳步，規劃「自己專屬的職涯地圖」

公司變成製造出「受害者」的地方

雖然中高齡員工的工作表現有所謂的「谷底」，不過放眼周遭，應該還是有人可以交出漂亮的成績單，或是一路順利往上爬，甚至是轉換跑道或創業。

無懼於「中高齡憂鬱」而表現活躍的人，都有著什麼樣的特徵呢？為什麼在同一

☜ 學習關鍵字

職涯迷惘　實際職涯預覽（RCP）

現實衝擊　實際工作預覽（RJP）

家公司裡，有人會陷入「職涯迷惘」，有人卻不會呢？以結論來說，會感到「迷惘」有以下兩大主因：

①原本就不知道「路線」
②喪失「靠自己前進的能力」

在過去，公司會像輸送帶一樣安排好員工的「發展」。就算不知道怎麼做，或是自己不主動採取行動，公司也有一套機制會主動「搬運」人才，讓員工朝著退休的終點前進。

以這一點來看，日本型雇用算得上是一套優秀的體制。

不過換個角度來說，這反而**剝奪了員工的「遠見力」和「靠自己前進的能力」**。處於這種體制下，員工只會漸漸變得「無法主動採取行動」。

從「些微之差」擴大成「無可挽回的差距」

在這裡要先請各位重新瞭解一點，假設各位對於現在的事業感到某種停滯感，請先不要輕易相信「這一切都是因為你的努力不夠」、「你過去所做的一切都是錯的」之類的說法。當然，如果是自己覺得「要更努力」、「要嘗試其他挑戰」，這也是各人的自由。

透過這一次的調查讓我們重新確認了一件事。

中高齡世代之所以被迫陷入瓶頸，絕對不是因為「過去一直做錯了」。所以就算還是想不通「自己一直那麼努力，為什麼非得落得這種下場不可！」，也沒有關係。

不過，這並不是要大家死心的意思。

因為**「活躍」和「迷惘」之間只有「相當些微的差距」**。只要努力稍微改變一點方向，就會如同山中濃霧霎時退散，世界變得一片光明。

員工的「小小的期待」遭到背叛

既然如此，要怎麼做才能跳脫「原本就不知道路線」、「喪失靠自己前進的能力」的狀況呢？

首先是針對「原本就不知道路線」的說明。

在過去，員工一直都是順應著時代的巨大潮流，在公司體制的推動下，照著既定的路線發展。縱使從畢業進入公司到退休這之間會經歷數次選擇，但基本上還是**順著某種相當明確的「道路」前進**。

看著前輩們的背影，自己也開始懷著「小小的期待」，相信有一天自己也會變得跟他們一樣。這股期待可以說正是日本企業推動員工前進的原動力。

然而，時代在改變，這種「平均值」如今已然失去意義。伴隨著「經營環境的巨變」，大企業也開始出現前所未有的職位，以及不同於過去的升遷路線。

於是這時候便引發員工「怎麼會是這樣！」的心情。

前面提到的**兩大「谷底」，就是員工體會到「怎麼會是這樣！」的時間點**。

舉例來說，假設三十幾歲的時候抱著「既然那個人也能當上課長，等我到了四十歲左右，一定也能當上課長之類的吧」的「期待」，等到後來發覺自己的這種想法太天真的時候，就會覺得「怎麼會是這樣！」。

又例如四十歲之後晉升管理職的人，如果認為「反正公司沒有退位的制度，應該可以穩坐這個位置一路到退休吧」，等到五十歲被撤下職務的時候，也會哀嘆「怎麼會是這樣！」。

各位或許會認為沒有人這麼天真，但是，事實上**的確有人一心以為「只有自己可以逃過一劫」，而且人數還出奇地多**（P252）。

「怎麼和預期的不同！」的心情使人完全喪失鬥志

我的意思並非要指責日本企業一方面要員工付出，最後卻背叛員工的期待的作法是錯的。姑且不論這作法是好是壞，既然企業有這種作法已經是事實，那麼，個人可以採取什麼樣的對策呢？這才是思考的重點。

因此，我想提出的想法是**實際職涯預覽**（Realistic Career Preview）。這是我們根據調查研究自己整理出來的一套全新的對策。為了方便說明，接下來就取英文名稱的單字字首，簡稱為RCP。

這個想法源自於工商心理學學者約翰・瓦努斯（John Wanous）所提倡的**實際工作預覽**（Realistic Job Preview）的概念（＊03）。**RJP**指的是事先提供（預告）員工職務相關的實際資訊，是目前招聘新進員工時相當重要的一項作法。接下來就讓我們針對**RJP**來做說明。

企業為了網羅優秀人才，在招聘員工時，通常會特別強調公司好的一面。例如：

「來我們公司的好處有……」

「日後可望會有調薪和升遷的機會。」

這麼做有時會造成錄取者因為這些誘因，對公司抱持過多的期待。可是，等到進公司之後，很多時候這些期待最後都會一一變成泡影。

「原本聽說這份工作很有意義，沒想到進來之後只是在幫前輩們打雜……」

「當初覺得待遇很吸引人，沒想到不但實際拿到的薪水很少，而且還經常加班……」

這種因為期待與現實之間的落差而產生的心理挫敗，就稱為**現實衝擊**。現實衝擊會讓新進員工喪失鬥志，嚴重一點的甚至還會因此離職。

要避免這些狀況，**企業必須事先告知員工職場的真實情報**，例如「進到這家公司之後會有多辛苦」、「薪資多少」、「加班頻率」等，**縮小員工的期待與現實之間的落差**。這就是所謂的RJP。

RJP的效果也獲得學術上的證實。研究顯示，事先獲得包括負面情報和職務等真實訊息的組別，比起事先不瞭解的組別，離職率相對較低（＊04）。

另一項研究也指出，剛進公司之後遭遇的現實衝擊的大小，可能會影響到日後的工作表現。年輕時遭遇嚴重現實衝擊的員工，在之後的工作上比較難有優秀的表現。相反的，衝擊不大的員工，往後十年的工作表現則會變得愈來愈好（＊05）。

擁有「自己專屬的職涯地圖」，別只是「一廂情願」

察覺力好的讀者，應該已經可以猜到接下來我要說什麼了。那就是，中高齡員工應該和新進員工一樣，認清接下來的「現實」。

多數中高齡上班族的煩惱，根本原因就在於認為現實「不應該是這樣！」。

為了避免這種現實衝擊發生，**一定要先冷靜且從實際面去預測，認清楚接下來自己會經歷的職涯**。根據這一點，最後我們整理出來的方法就是以RJP為參考的實際職涯預覽（RCP）。

中高齡上班族很常見的一種「思考通病」是，對於退位和退休後繼續受雇等**明知道一定會發生的「不合理的將來」，都會盡其所能地逃避面對**。每個人都忙碌於眼前的工作，不願去思想令人擔憂的未來。同樣身為中高齡，這種心情我十分理解。

只不過，這種傾向正是造成現實衝擊的最大主因。

懂得從退位的經驗或退休後繼續受雇的前輩身上，事先正確掌握接下來會面臨到的變化，並且做好準備的人，通常都比較能夠妥善應對全新的狀況，抓住升遷的機會。反過來說，只要能透過適當的RCP事先掌握現實狀況，中高齡上班族就能針對自己的工作方式做大幅度的調整。

不能再將期望擺在公司前輩們曾經走過的那些道路，必須靠自己認清楚接下來等在前方的是個什麼樣的將來。這才是擺脫「中高齡憂鬱」的第一步。

P242之後會再針對這部分做更詳細的說明，不過在此請各位一定要先回頭想想，自己是否也對將來懷有什麼「小小的期待」呢？

找出自己的「不足」，不再依賴直覺和幹勁

工作不能再仰賴「幹勁」

造成「職涯迷惘」的另一個原因——「喪失靠自己前進的能力」，又是怎麼一回事呢？雖然RCP可以讓人找到「自己專屬的職涯地圖」，不過就算知道路線，但除非自己踏出腳步，否則永遠都無法脫離瓶頸。所以到頭來，還是要靠自己採取行動，不

☜ 學習關鍵字
自走力　工作表現
PEDAL　類型分析

能只是仰賴輸送帶。

這種自己採取行動的能力，我們就稱它為**「自走力」**。

聽到「自走力」，有人可能會想到以下常聽到的說法：

「主動採取行動，別害怕失敗！」

「依賴公司的時代已經結束了！」

「想生存下來就要獨立、要創業！」

這些「鼓舞」的說法的確有道理，只不過對於陷入焦慮的人來說，恐怕都是難以實踐的建議。我自己也已經年過五十了，這時候如果突然要我去創業，也會覺得很困難。

對於中高齡的人來說，更重要的反而是**將「自走力」拆解成更細部的要素，以更容易實踐的方法去落實**。

很多人就算一時起勁想培養自走力，通常也不知道該從何下手。首先，中高齡和其他年輕的上班族不同，時間所剩無幾。基於這一點，**最有效率的方法應該是先掌握自己不足的地方**。

懂得採取行動的人會做的「5個小行為」

左右上班族工作表現的「自走力」，可以分解成哪些要素呢？P38〔圖表0-1〕當中的數據，是我們根據調查所設定的幾個基準算出來的結果（＊06）。要格外注意的是，我們當初在設定基準的時候，是將職位高低與工作表現切割來看，所以並不是「高職位＝工作表現好」。

針對影響中高齡上班族工作表現的要素做分析，結果可以發現，擁有高「自走力」的人，通常具備以下**五種行為特徵**：

① **先做再說（Proactive）**

② **為工作賦予意義（Explore）**

③ 擅長和比自己年輕的人相處（Diversity）

④ 找到自我存在價值（Associate）

⑤ 善用所學（Learn）

我們分別取這五種行為特徵的英文字首，統稱為「PEDAL」。

在這一次的調查統計當中，同樣可以看到中高齡上班族的工作表現是如何受到PEDAL的影響（〔圖表0-5〕）。

年過四十的上班族，一旦感覺遭遇某種「瓶頸」，很有可能就是在PEDAL當中的其中一項遇到挫折所導致。

相反的，能夠繼續充滿鬥志地面對工

◉ 圖表0-5　PEDAL對工作表現造成的影響

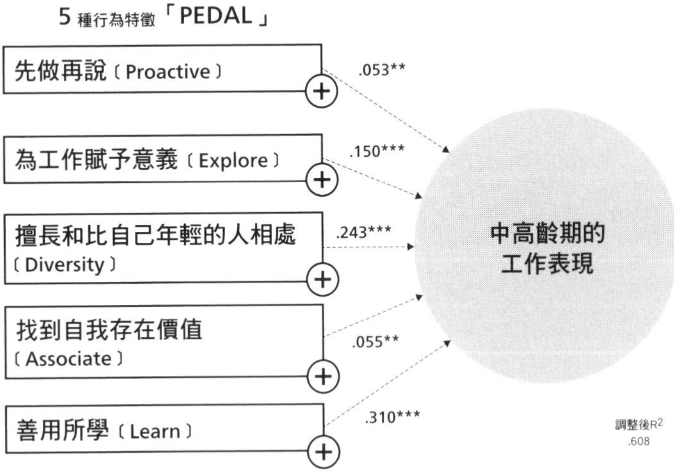

不會陷入「憂鬱」的人通常都具備這些行為特徵

註：控制年齡、轉職次數、年資等屬性的多元迴歸分析結果。***顯著水準1%，**顯著水準5%
出處：石山恒貴、PERSOL企管顧問公司（2017）中高齡上班族發展實情調查

作、發揮「自走力」而沒有陷入「中高齡憂鬱」的人，可推測應該是因為徹底做到PEDAL的關係。

是什麼讓你踩下「煞車」了呢？——PEDAL行為診斷

「『靠自己前進』聽起來好像很辛苦……」

我想應該不是只有我有這種感覺吧。對於喜歡跑馬拉松的人來說，或許不會抗拒靠自己的雙腳跑下去。但如果要維持這種狀態好幾十年，畢竟還是相當辛苦的一件事。

不過請各位放心。

維持自走力的PEDAL行為，比起走路或是跑馬拉松，**比較接近像是「騎腳踏車」的感覺**。

剛開始踩下腳踏車的踏板時，確實多少會比較吃力。不過一旦加速之後，只要花少少的力氣就能快速前進。

希望各位也能試著從輸送帶改成騎腳踏車，用輕鬆的心情去落實PEDAL。

在這裡我為各位準備了一個小小的診斷測驗。請見下頁〔圖表0-6〕。只要針對圖表裡的問題，以「完全相符」到「完全不符」等五個不同的程度來作答，就可以知道各位目前PEDAL的狀況。

另外，我們也以「集群分析」的統計方法來分析PEDAL，結果發現中高齡期的人大致可以分成五大類。

我們將這五大類的特徵整理成P70～71的〔圖表0-7〕，各位可以對照〔圖表0-6〕的測驗結果來瀏覽，以作為參考。

◉ 圖表0-6　中高齡的PEDAL行為診斷

請各位回想自己的工作狀況，在a欄位的空格中填入數字。
接著在b欄位中填入小計，最後在c欄位中填入合計。

1	2	3	4	5
完全不符	不太相符	難以判斷	有點相符	完全相符

		a	b
先做再說	面對新工作先試著去做，之後再調整就行了		合計
	無論是新工作或業務，先做再說		
	嘗試新事物就算失敗也沒關係		
	習慣跳脫前例和框架做事		[P]
為工作賦予意義	瞭解自己的工作對公司營運的意義		合計
	做事之前會先掌握公司整體狀況		
	會用全新的態度去思考工作的意義		
	在進行每項工作之前，會先從整體方向思考該工作的意義		[E]
擅長和比自己年輕的人相處	即便上司的年紀比自己小，也能放下成見面對工作		合計
	不在乎對方的年齡		
	可以坦然接受比自己年輕的人的指令		
	會向比自己年輕的人學習		[D]
找到自我存在價值	積極與各部門建立溝通		合計
	盡量和更多不同的人建立關係		
	積極激發身邊不同的意見和主張		
	擅長和他人打成一片		[A]
善用所學	懂得蒐集重要情報，分析自己的經驗		合計
	對於適用於其他狀況的工作已經掌握訣竅		
	懂得將經驗結果轉化成自己的知識		
	會用各種不同的角度重新思考經驗		[L]

	c
[P] + [E] + [D] + [A] + [L] =	/100

以上五項當中，各位最弱的是哪一項呢？

註：「善用所學」的標準參考的是以下資料：木村充（2012）《有助於提升職場工作能力的經驗學習法──經驗學習理論相關實證研究》；中原淳（編）《職場學習之探求》生產性出版

消極、安於現狀型

工作表現尚可，卻很擅長和晚輩及同事之間的交際。很多都是沒有職位，或是沒有下屬的管理職（比例8.7%）。

POINT：在PEDAL當中大家最不擅長的「擅長和比自己年輕的人相處」方面特別優異，這一點可說是你的優勢。只要再找到「另一項」擅長，你將能看見截然不同的風景。

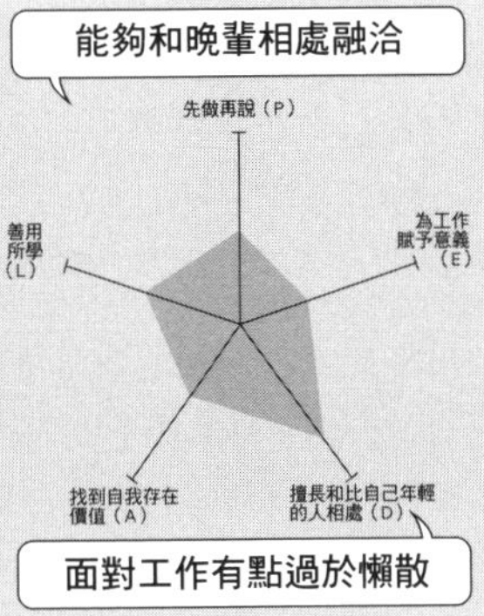

怠惰型

簡單來說就是「討厭工作」，完全喪失幹勁。比例雖然不多，但是每個組織裡一定都有這種人（比例3.7%）。

POINT：不妨對工作以外的事情投入熱情。不過既然選擇讀這本書，代表說不定你的內心還是希望能夠有所成長。請務必讀到最後，從中找到啟發。

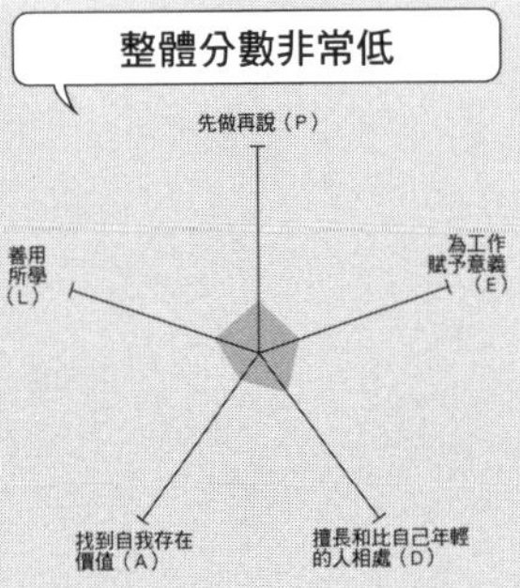

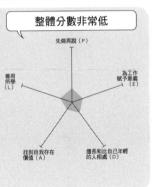

◉ 圖表0-7　中高齡上班族的五大類型

高績效型

在組織中明顯突出和活躍。很多在公司裡都是擔任高階職位（比例19.1%）。

POINT：對你而言，本書的內容或許不過只是「複習」罷了。不妨善用你的高能力，喚醒困擾公司的中高齡階層的意識。

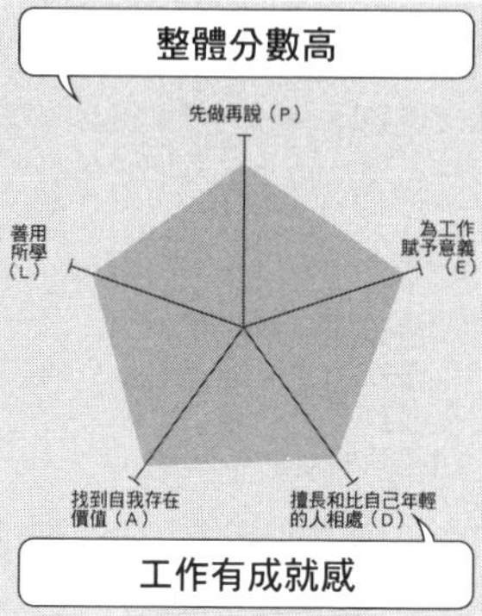

均衡型

各方面表現平穩，能在工作中獲得一定的成就感。大多適合業務、行銷、創作方面的工作（比例30.2%）。

POINT：如果工作表現持續提升，卻仍然感覺到停滯，即暗示自己還有成長空間。不妨回頭檢視自己在PEDAL當中哪一部分尚有發展空間。

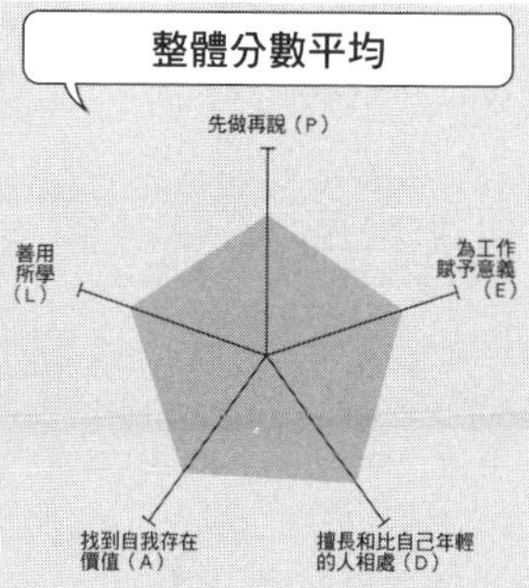

停滯型

具備能力和經驗，卻很可能因為對職場或上司的不滿而停滯不前。是整體當中人數最多的類型（比例38.3%）。

POINT：你是否忙碌於眼前的工作，卻仍感覺長期處於停滯狀態呢？幸運的是，你就是本書介紹的方法最容易見效的類型，務必趁此機會提升自己的自走力。

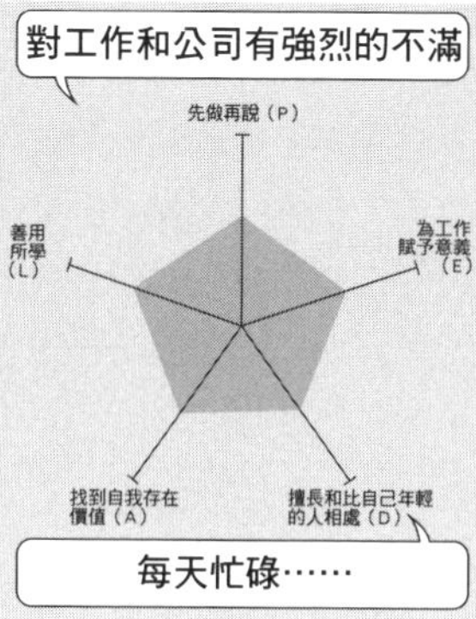

＊　＊　＊

接下來就讓我們先針對PEDAL中的第一個行為特徵「先做再說」（Proactive），一起來思考提升的方法吧。

在每一節的最後都會有實踐的「自我反思」，各位可以利用這些問題來進行最後的反思。

CHAPTER 1

先做再說

[Proactive]

愈是停滯不前的時候，愈要深入「蒐集情報」

優秀的職場老手最容易陷入的「拒絕踏出第一步」症候群

「川島，這些單據你怎麼還是用手寫？」

「嗯，也沒有為什麼，就習慣了。」

「至少用Excel表格來整理會比較好吧？」

☜ 學習關鍵字

過度適應的陷阱　迴避失敗

OJT　行動慣性

「會嗎?習慣之後用手寫還滿方便的啊，忙的時候還可以之後再補也沒關係。」

「……」

工作超過二十年以上的人，通常都具備相當的經驗。

這時候面對每一份工作，都可以輕鬆快速地判斷「值不值得去做?」「這件事的優先順序是什麼?」「是不是乾脆別做比較好?」。

換作是年輕的時候，可能被交代任何事都會全盤接受，盡最大的努力去完成。

不過一旦累積了相當的經驗之後，就會懂得依據各自的優先順序來完成工作。簡直就是「隨心所欲調配工作」的狀態。從減輕無謂的負擔來看，效率可以說變得非常好。

但是，事實上這種現象並非只有好的一面，其中還暗藏著一大風險是，**一旦懂得以講求效率的方式來做事，對於「能夠任意調配的工作」以外的事情，就會懶得去做**。

愈是經驗豐富的人，愈容易陷入這種**「拒絕踏出第一步」的症候群**。這也是引發中高齡期特有的停滯感的最主要因素。

無法再「出於自願」地採取行動

這種「對例行工作調配自如，但除此以外的事情卻很被動」的狀態，當事人自己很難察覺，不過看在上司眼裡卻是一清二楚。

〔圖表1-1〕是以擁有前輩下屬（比自己年紀大的下屬）的主管為對象，針對「下屬的哪些行為最讓你感到頭痛？」的問題所做的回答。

其中明確最多的前兩項分別是「對於新技能毫無學習意願」，以及「不願嘗試新工作」。

從這裡可以知道，上班族在中高齡期

◉ 圖表1-1　主管心中認為前輩下屬「最讓人頭痛的行為」

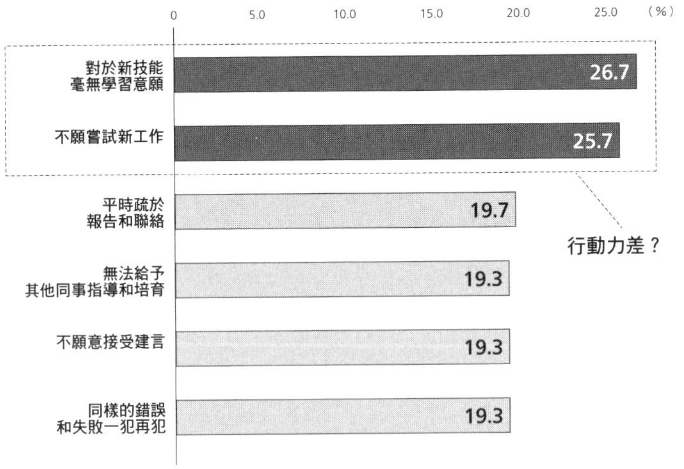

你是否也會逃避「新挑戰」呢？

出處：石山恒貴、PERSOL企管顧問公司（2017）中高齡上班族發展實情調查

會遇到的第一個課題就是**喪失行動力，不再願意挑戰新事物**。

相反的，到了中高齡期依然保持良好工作表現的人，在「先做再說」這項行為特徵方面的數值特別高。因此我們可以說，是否能夠保持「雖然不知道這麼做值不值得，但總之先做再說」的心態，是中高齡期的一大分歧點。

這就是PEDAL行為中的第一要素**「先做再說」（Proactive）**。不光是「主動」（Active），而且還要「比外來指示和事態更早一步（Pro）＝出於自願」地採取行動。

只不過，就算知道要保持「先做再說」的心態，想必各位也不曉得該從何著手。這時候應該要做的，其實是要把吞噬掉中高齡「先做再說」的心態的因素，先一一剷除。

因此，接下來我將根據人才培育及人才開發的相關研究結果，提出三個「導致行動力變差的因素」，再一一為各位介紹各自的克服方法。

① 過度適應的陷阱
② 升遷停滯的迷霧
③ 裁量權擴大的瓶頸

首先在這一節就先針對「①過度適應的陷阱」來說明。

從「熟練、效率化」，不知不覺變成「懶得動」

工作上的學習有各種方法，其中最典型的就是藉由所謂的**OJT**（On-the-job Training，在職訓練）來學習。我相信應該沒有人多半的實務知識都是靠念書得來的吧。唯有每天實際面對工作，才有辦法增加處理各種工作的知識。

可是，即便OJT對於員工的熟練度和改善工作來說是不可或缺的方法，但不可否認的事實是，這充其量也只是學習的其中一面。

如果真要說，OJT的特色之一就是，依據既有方法強化公司內部的知識。換言之，**OJT的學習方法是讓自己去適應企業要求的工作，直到「可隨心所欲調配」為**

止。這是熟練工作不可或缺的過程，以三十歲之前的學習來說，大多都是在學習這類的「適應」。

但是，一旦年過四十之後，光靠這種學習方法已經不夠了。因為這時候大多已經具備完成公司例行工作的知識，已經沒有新的東西可以學習了。

這會導致什麼情況發生呢？簡單來說就是對工作存有「過度」的預測。也就是不管面對任何工作，都能「預測」接下來會衍生出什麼工作、必須花多少時間完成等。

對工作熟練當然很好，但說到熟練例行工作的人，在快速完成工作之後會繼續面對新的挑戰，事情恐怕沒有那麼簡單。因為，大多數的人通常都只想以不對自己造成負擔的方式完成工作，也就是**在現有的「知識」下，以最有效率的方式做事**。

66%的人認為「不面對挑戰＝賺到」

各位應該可以想像以下的場景：

「因為可以預估工作要花多少時間完成，所以總是拖到最後一刻才動手……」

「因為可以判斷每一件工作的負荷，所以盡量挑輕鬆的做……」

「看過新規事業失敗的例子，從此對新計畫興致缺缺……」

一旦習慣、熟悉了自己負責的工作和所屬單位之後，就會放棄許多的學習機會（或是不自覺地錯失機會）。這種狀態就稱為**過度適應**（＊07）。中高齡期之所以會喪失「先做再說」的心態，可以說就是因為誤入「過度適應的陷阱」。

舉例來說，見證過許多企劃最終失敗收場，或是經歷過「早知如此當初就不要接下這份工作」的經驗之後，都會讓人變得開始計算利害得失。

◉ **圖表1-2　覺得「挑戰新事物就算失敗也沒關係」**

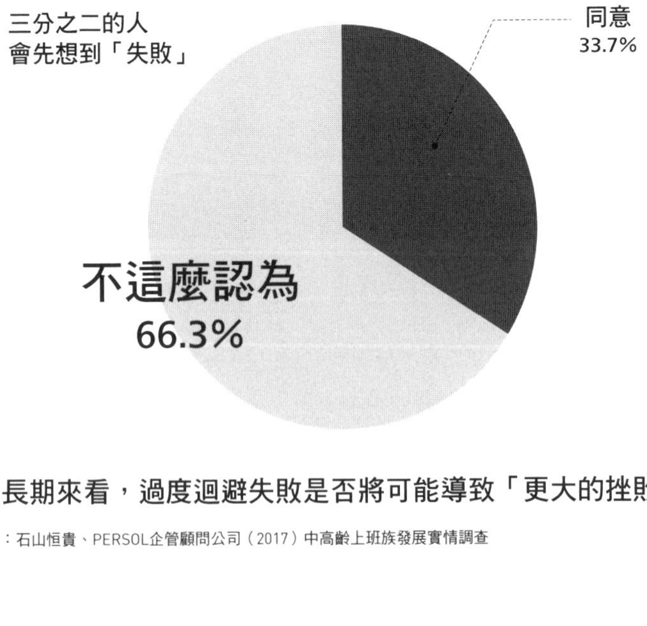

以長期來看，過度迴避失敗是否將可能導致「更大的挫敗」？

出處：石山恒貴、PERSOL企管顧問公司（2017）中高齡上班族發展實情調查

經驗愈豐富的人，愈容易做出預測判斷，甚至能夠預見失敗。

因此，中高齡的人很理所當然地會害怕失敗，變得不想承擔風險。

各位請看〔圖表1-2〕。這是中高齡上班族針對「覺得挑戰新事物就算失敗也沒關係」的問題所做出的回答。

從這個圖表可以知道，仍然願意挑戰新事物的人，只剩下整體的三分之一左右（33.7%），其餘三分之二都會先想到失敗。

「忙亂的人」更要注意瞎忙！

「不做看起來應該會失敗的事」。這種行為雖然看似合理，其實也不太能說是合理的行為。

這是因為，如果為了迴避失敗等負面狀況，因此選擇「不採取行動」的話，知識和能力永遠都無法提升。**在短期目標上迴避小失敗（一般工作程度）的作法，以長期來看，將會導致更大（整體事業程度）的失敗**。

過度適應最麻煩的是，就算覺得自己一直忙於工作，實際上可能也都已經掉入過度適應的陷阱裡。因為，**愈是認真學習的人，愈容易在適應的過程中，最後掉入「陷阱」中**。

舉例來說，假設有個上班族，雖然已經年過四十，但依然充滿幹勁，活力十足地面對繁重的工作，每天加班到深夜。

這樣的人乍看之下充滿活力，不過實際上很有可能只是瞎忙於例行工作中，早已出現**「隱性過度適應」**的現象。

陷入例行工作而無法自己跳脫的情況，稱為**行動慣性**。陷入行動慣性的人，不管周遭的環境和狀態正在改變，依舊會受限於以前學到的方法或過去成功的經驗，並且更堅持以此來作為應對。

從這個角度來說，**「忙亂的人更要小心」過度適應**。

面對工作非但不偷懶，反而更積極完成眼前工作，卻還是感覺不到成長的人，最好回頭檢視自己是不是已經陷入行動慣性，或是隱性過度適應。

會不會其實你缺乏的不是「勇氣」，而是「情報」呢？

接下來讓我們一起來思考跳脫過度適應的陷阱，需要怎麼做？〔圖表1-3〕所呈現的是即便到了中高齡卻依然「不怕失敗」的人，最常出現的前幾項行為表現。

最右邊的數字代表影響程度（β），數字愈大，愈不怕失敗。將圖表結果以更清楚的方式來說明，就是以下幾點：

①不斷尋求改善

②積極蒐集情報

③不受前例影響

能夠做到這三點當然最好，不過其實相當困難。

其中尤其建議各位一定要做到「②積極

◉ 圖表1-3　影響「不怕失敗的心態」的「行為」

排行	項目	影響程度（β）
1	不斷尋求改善，包括自己工作以外的事	.153
2	積極吸收工作所需的情報	.149
3	不受前例影響，不斷思考更好的工作方式	.114

關鍵條件在於尋求改善、蒐集情報、打破前例

註：控制年齡、轉職次數、年資等屬性的多元迴歸分析結果。顯著水準皆為5%。
出處：石山恒貴、PERSOL企管顧問公司（2017）中高齡上班族發展實情調查

蒐集情報」。

有些人可能認為，知道的情報愈多，愈能預見各種風險，這麼一來不是反而會更害怕失敗嗎？

不過，以數據來看，事實上正好相反。**愈是主動蒐集情報的人，愈不會害怕失敗**。

反過來說，陷入過度適應而經常迴避失敗的人，可以說都是處於某種程度的「情報不足」的狀態。

換言之，事實上應該有更好的作法，或者其實失敗的可能性相當低，但是因為缺乏主動蒐集情報，導致最後不敢採取行動。

「公司其他人（例如年輕一輩的人）都是怎麼做的呢？」

「在其他公司的類似部門，都是怎麼處理這種事的呢？」

如果可以像這樣蒐集情報，就能找到改善工作方式的方法。

光靠「別怕失敗！」的勇氣，並無法促使人採取行動。

這時候只要提醒自己「再多蒐集一點情報」就行了。各位不妨就從這小小的行動一步步去做，慢慢踩動踏板、找回自走力吧。

REFLECTION

☐回想公司裡或公司外的中高齡上班族，各找一個「持續接受新挑戰的人」與「一直在做同樣工作的人」。兩者的行為最明顯的差異是什麼？

☐列出你所從事的工作中，「失敗也沒關係的工作」和「不能失敗的工作」。如果想針對兩者更好的做事方式蒐集「情報」，可以向誰或從哪方面開始著手？

踏出「齊頭式文化」，撥開「職涯迷霧」

「期待升遷」使人喪失行動力

上一節提到導致中高齡喪失「先做再說」行為特徵的主因。

以當事人的工作意識來說，有件事也會對這種行為特徵造成明顯的影響。那就是「有機會晉升到目標職位」。

☜ 學習關鍵字

對職位的執念　升遷停滯

職涯迷霧　工作內容停滯　跨界

也就是說，**如果到了四、五十歲還認為「自己有升遷的可能」，相對地行動力就會變得愈來愈差，不願再挑戰新事物。**

換句話說就是，**「追求職位」會阻礙「先做再說」的行為**。一旦不斷拘泥於「怎麼做才能繼續往上爬」這種辦公室政治，只會讓人變得害怕失敗而不再採取行動。從研究數據上也能明顯看出這種中高齡員工的心態。

但是，既然追求職位，這股熱情應該反而可以轉化為工作鬥志才對。追求更高職位的升遷鬥志，結果卻反而對中高齡的自走力帶來負面影響，這一點各位難道不覺得意外嗎？接下來就讓我們進一步深入探討。

一旦走錯「登頂路線」便會誤入「職涯迷霧」

人的成長不可能一路向上，過程中一定會遇到「不上不下」的停滯狀態。運動員們都會經歷的低潮期，就是最典型的例子。

上班族的職業生涯可以說也是一樣。換言之，一個人的職業生涯不會是一條不斷向上的「上坡路」，一定會在哪個階段遇上**「高原」**。

上班族的職業生涯，從進入公司到某個階段為止，一路都會快速向上。這股升遷的速度總有一天會面臨停滯，這種職涯高原又被稱為**「升遷停滯」**。

既然所有人都不可能永遠不斷晉升，因此只要是上班族，每個人都可能會遭遇升遷停滯。

這應該是再明白不過的事實，然而，為什麼升遷停滯會成為「中高齡憂鬱」的間接原因呢？這很有可能就是因為前面提到的「對職位懷有執念」的緣故。一心只把「升遷」當成成長指標的人，一旦踏入升遷停滯期，就會迷失了成長的方向。

這種籠罩於眼前的「迷霧」中，看不到將來職涯路的心理狀態，也可以稱為**「職涯迷霧」**。

職涯迷霧一開始是針對三十幾歲等年輕白領階級所做的研究而提出的想法。「迷霧」過度清晰或濃密不散，都會衍生出問題。也就是說，職涯會因為「迷霧」的狀況而迷失方向。類似的情況在中高齡上班族身上也非常可能發生，有時甚至會因為遭遇職涯迷霧，因此喪失職涯規劃的企圖心，陷入停滯的狀態（＊08）。

愈是執迷於「職位」的人，愈容易感覺到停滯

以前還是上班族的時候，曾經有人告訴我：「交換名片之後，就用『企業規模』和『職位』去判斷對方，思考要用什麼態度應對。」說這句話的人，本身是個法人業務員。或許是基於工作特性的關係，所以必須要有這種眼光。

但是，假設只用「企業規模」和「職位」當成自己唯一的價值標準，用名片上的頭銜去判斷對方「地位是否高於自己」，這樣的人，很有可能到了某個階段就會遭遇職涯迷霧。因為總有一天自己會停止升遷，再也沒有辦法提升自我價值。

或者稍微極端一點的例子是，當知道自己比同期還「差」之後，便出現心理方面的問題。這種例子也時有所聞，例如A（42歲）就曾向我提到自己的煩惱：

「自從進公司以來，我的業績一直都是高於標準，所以我以為我的薪水應該和同期的人差不多，甚至是高於其他人。可是最近我才不小心得知，同期的B他的基本薪資竟然比我多了幾百日圓……從那之後到現在將近半年的時間，我始終無法釋懷，對工作也失去了熱忱。」

就連平時個性冷靜的A，遇到這種狀況也非常沮喪，而且一點也沒有要隱藏的意思。換言之，從「職位」和「與同期之間的排序」來判斷自我價值，對他來說已經是「常識」。

各位或許會覺得，不過就是幾百日圓的差距而已，不過像這樣的例子絕對不少。這種複雜的情緒，背後最大的主因，正是前面所說的「同期文化」。

實際上，根據A的說法，讓他大受打擊的並不是「沒有受到正確評價」，而是「自己的基本薪資比同期來得少」。

愈是明顯強調同期文化的公司，升遷停滯就愈容易引發職涯迷霧的問題。因為對職位抱有執念的人，一旦面臨升遷停滯，就會失去努力的方向而陷入「迷霧」中。

真正停滯的不是升遷

如果想走出「迷霧」，又該怎麼做呢？

當然，解決辦法之一就是「繼續往上爬」。但是正如P41〔圖表0-2〕所示，上班族一旦到了50歲之後，「對升遷的展望」會急速下降，就連「想升遷」的念頭也會在42.5歲出現轉變。也就是說，大家都心知肚明，要想繼續往上爬已經很困難。

沒錯，問題並不是出在停止升遷。而是拒絕承認自己已經不再成長，停止主動對公司貢獻能力。這「另一座高原」，才是問題的關鍵。

長期從事同一項工作的結果，除了熟練以外，有時還會讓人變得就此滿足，最後導致對新的挑戰失去興趣，也喪失學習動力，面臨「成長不上不下」的狀態。這種現象就稱為**「工作內容停滯」**（＊09），相當類似於前面提過的過度適應。

在人生百年時代的現在，停止升遷之後所謂「餘生」的剩餘職業生涯相當漫長。在接下來的時代，至少工作到六十五歲已經是理所當然。從這一點來看，倘若中高齡期之後都在「迷霧」中度過，難免讓人覺得有些可惜。

反思自己下意識的「執念」

有些人可能會說「我完全不想升遷」。不過，「完全沒想過要升遷，因此對工作也總是敷衍了事」的人，說不定其實心裡同樣隱藏著「對職位的執念」？或許正因為拒絕面對同期比自己更快升遷的複雜情緒，所以才會說服自己「我完全不想升遷」？

另外，也有人會這麼說：

「反正中高齡員工老是搶走年輕人的機會也不太好。」

「我們這些老人應該趕快『讓路』給那些二、三十歲、優秀的年輕人才對。」

如果從年輕員工和整體組織接下來的成長來說，這種說法聽起來確實很有「道理」。只不過，這難道不也是為了掩蓋自己面臨「工作內容停滯」的一種藉口嗎？

明明打從心底抗拒比自己年輕的人當上自己的主管，卻用這種說法強迫自己「合理化」這樣的現象，難道不是嗎？

中高齡應該要做的，是正視自己在無意識間被灌輸的「對職位的執念」，**把問題的焦點從「升遷停滯」，回歸到「工作**

◉ 圖表1-4　影響「先做再說」行為的「經驗」

排行	項目	影響程度（β）
1	參加研習講座（領導技巧的開發）	.056
2	**長期派駐海外（一年以上）**	**.054**
3	**參與公司外部的讀書會與交流會**	**.049**
4	參加研習講座（管理技巧的學習）	.042
5	管理年長下屬的經驗	.041
6	**創立新規事業**	**.040**
7	**派駐集團其他公司**	**.040**

踏出「同期文化」的跨界經驗相當重要

註：控制年齡、轉職次數、年資等屬性的多元迴歸分析結果。顯著水準皆為5%
出處：石山恒貴、PERSOL企管顧問公司（2017）中高齡上班族發展實情調查

內容停滯」上。

所以，首先必須跳脫「同期文化」的束縛。正如前面提過的，以年資進行「齊頭式人事安排」的公司，員工很容易會因為升遷停滯而影響到工作表現。

相反的，從外部轉換跑道進來的員工佔多數、已徹底廢除年功序列制度的公司，員工對職位相對比較不會有執念。

實際上就如同〔圖表1-4〕所示，透過統計數據分析也可以發現，**走出同期文化的「跨界」經驗，可以激發員工「先做再說」的行為**。包括「長期派駐海外（一年以上）」、「參與公司外部的讀書會與交流會」、「創立新規事業」、「派駐集團其他公司」等。

REFLECTION

- □你是否用公司給予的「職位」標準來判斷自己的工作表現？除了職位以外，你認為還可以用什麼來評斷自己的工作品質呢？
- □「同期」的觀念是否讓你產生過度的競爭意識？請回想看看，在比自己年輕的晚輩當中，是否有讓你覺得值得尊敬的人？

現在開始你能做的事8

不想被干涉就必須做到「尋求反饋」

「能力備受肯定的人」具備的三種行為模式

「我已經知道『先做再說』的重要性了，可是我在現在的公司幾乎沒有任何做決定的自由，完全沒辦法做新的嘗試！」

學習關鍵字

擴大裁量權　成長　MBO　尋求反饋
上司與下屬的年齡顛倒　微觀管理

讀到這裡，相信一定有人是這麼想的吧。

不只是累積了一定經驗的個人，就連擁有一定歷史的企業，在抗拒新事物這一點上，或許都是一樣的。身處在規模愈大的組織中，就算想採取積極行動，有時候也必須先經過繁雜的允許程序，平白浪費許多時間。

事實上，**要想充分發揮「先做再說」的行為，必須擁有一定的自我裁量權**。假設沒有裁量權又「先做再說」，很可能會換來「獨斷行動」的評價。

那麼相反的，「擁有某種程度的裁量權、工作能力強的人」，又有具體哪些特徵呢？〔圖表1-5〕就是數據分析的結果。

◉ 圖表1-5　影響自我裁量權的要因

排行	項目	影響程度（β）	實行比例（%）
1	會先主動設定工作目標	.138	44.8
2	用自己習慣的方式做事	.100	47.7
3	能夠一方面和他人合作，一方面將工作流程變成自己想要的方式	.090	38.6
4	會向上司表達自己對工作的想法	.079	22.6
5	以付出努力才能達成的結果作為業績目標	.079	34.7

關鍵在於「創造變化」、「目標管理」、「尋求反饋」

註：控制年齡、轉職次數、年資等屬性的多元迴歸分析結果。顯著水準皆為5%
出處：石山恒貴、PERSOL企管顧問公司（2017）中高齡上班族發展實情調查

總結圖表的所有項目來說，最重要的是以下三點：

① **願意改變**
② **自行設定目標**
③ **尋求反饋**

具備這三項特點的人，通常都可以得到上司的允許，讓他用自己的方式做事。如果想累積上司的信賴，擴大自己的自由範圍，這三點可以說就是最重要的關鍵。

自行設定必須有所「成長」的目標

首先，請各位看〔圖表1-5〕當中的第二項「用自己習慣的方法做事」，以及第三項「能夠一方面和他人合作，一方面將工作流程變成自己想要的方式」。換言之就是在許多研究中都會提到的：想要擴大自我裁量權，最重要的關鍵在於必須帶動周遭一起改變。

不是「沒有裁量權，所以無法創造改變」，而是**透過自己不斷做出小小的改變，一步一步換來更大的裁量權**。

另一個重點是中高齡很容易輕忽的**目標設定**。

目前大部分的日本企業採取的都是MBO（Management by Objectives目標管理），或是自我目標管理的方式。也就是（原則上）由員工自己設定目標，再和上司共同討論調整，而不是由上司直接指派目標的「強迫」制。

雖然過去負責人事工作的我不該說得好像事不關己一樣，不過這種評價制度，往往很容易變成形同虛設。很多年輕主管對於年紀較大的「前輩下屬」都會比較客氣，只做形式上的績效面談，隨便敷衍了事。甚至最近有些企業已經廢除為應付這種空有其表的制度所設定的定期考評。

各位的職場狀況又是如何呢？是否只重視打考績這種操作面的行為，卻失去「上司與下屬之間直言不諱的對話，藉此激發下屬成長」等MBO真正的目的呢？

之所以這麼說，是因為根據數據顯示，善用目標管理可帶來最終的正面效益。

擁有自我裁量權的人，通常都會「先自己設定工作目標」（〔圖表1-5〕中的第一位）。重點在於**能否把面談之後雙方都同意的目標，確實當成自己的目標去執行，而非只是單純形式上的結果**。

另一個重點，是圖表中位居第五位的「將付出努力才能達成的結果作為業績目標」。

自己設定的目標，不一定非得困難到幾乎不可能實現。但是，把目標設定在必須達到某種程度的成長才有可能達成，以人才開發的用語來說，就是具有一定程度成長的目標，如此才可能獲得裁量權。

願意帶領「前輩下屬」的上司心裡的考量

上述兩種方法是爭取裁量權的「正面迎接法」，不一定只針對中高齡。

不過關於第三點**「尋求反饋」，只要中高齡員工稍微多注意這一點，通常都很有效**，各位一定要實際嘗試看看。

對身為上司的人而言，最應該做到的重要工作之一，就是針對下屬的行為做出好壞的反饋，促使下屬進行反思。

但是一旦遇到要管理中高齡下屬，這項反饋機制就經常失去作用。

為什麼會這樣呢？最容易理解的原因，應該就是**上司和下屬的年紀互相顛倒**的問題。

假設上司比下屬年輕，這之間就會產生某種「顧慮」。或者也有一種例子是，就算上司鼓起勇氣對前輩下屬做出反饋，一旦下屬提出反駁，從此以後上司便再也不想給予任何反饋。這麼一來兩人之間就會失去溝通管道，下屬也沒有機會爭取更大的裁量權。同樣的，有些前輩下屬也會很難接受資歷比自己淺的人所提出的反饋。

一旦像這樣上司和下屬之間幾乎不再溝通，身為上司的人，難免會認為自己有必要善盡管理之責，於是開始採取**微觀管理**（Micromanagement，緊迫盯人的密切管理），例如「那件事的進度到哪裡了？」「之前說的e-mail，你發了嗎？」等，反而會造成「前輩下屬」的裁量權變得愈來愈少。

換言之，針對中高齡下屬的反饋，通常會因為牽涉到「年齡」問題，導致做出反饋的一方「有所顧慮」，接受反饋的一方「有所反抗」，造成上司與下屬兩者都無法善盡職責。

主動詢問年輕上司意見的重要性

面對這種情況，中高齡的前輩下屬應該做的，是積極主動要求上司給予反饋，也就是**尋求反饋**（feedback-seeking）。

擁有裁量權絕非等於「上司不得有任何意見」。愈是擁有裁量權的人，更要主動「針對自己的工作，請上司給予意見和反饋」。

尤其是對年長的「前輩下屬」做出反饋，這對多數主管來說都是吃力不討好。正因為如此，所以由前輩下屬主動詢問上司意見才會這麼重要。如果身為前輩的人可以拋開不上不下的尊嚴，先主動積極尋求反饋，身為上司的下屬也會瞭解你的想法。

「原來前輩你是想這麼做啊。不過，這裡如果改用這種方法，你覺得如何？除此之外就照你的想法去做，再麻煩你了。」

這才是「前輩下屬」獲得上司信任，為自己爭取更多裁量權的基本過程。

相反的，假使雙方彼此都有所顧慮，無法交換意見，前輩下屬的裁量權只會愈來愈少。因為從上司的角度來看，只會覺得你是個「遇到重要事情什麼都不說，不會尋求討論的下屬」，或是「不知道你在想什麼」，也就自然不會交付重要工作給你。

如果「希望用自己喜歡的方式做事」，不妨先發制人，主動向上司尋求反饋。這主動跨出去的一小步，肯定能夠為你在工作上帶來更多的裁量權。

REFLECTION

- □請列出可以為自己帶來「成長」的業績目標，一個也行。
- □舉出某個「善於向比自己年輕的人尋求反饋的人」。當他在尋求反饋的時候，會運用哪些說詞和表情動作？

CHAPTER 2

為工作賦予意義

[Explore]

現在開始你能做的事9

站在「自己能為公司的哪些人提供協助？」的角度思考

「你的父親是『為了什麼』工作？」

本章將針對PEDAL的第二項進行說明。在此之前，我想先跟各位分享我的朋友F的故事。

F的父親是某地方政府的公務人員。根據F的說法，自己當初還住在家裡的時

☜ 學習關鍵字

找到工作意義　探索意義
工作塑造　對組織的意義

候，父親的狀況正好就是最典型的「中高齡憂鬱」。每到週日晚上看著電視，父親就會當著孩子的面前喃喃自語「明天真不想上班～」，儼然就是「星期一症候群」。

F國二的時候，有一次學校的社會課出了一份作業，要學生「採訪爸爸的工作」。

於是，星期日中午過後，F來到父親正在工作的書房，請他幫忙協助作業。F對這項作業完全提不起勁，因為他認為父親一定很討厭工作。

但是沒想到，父親竟然很認真地接受他的訪問。

學校發的問卷中有一題是：

「你的父親是為了什麼工作？」

就連這不好回答的問題，父親也很認真地做出回答。事實上，關於父親當時回答了什麼，F已經不記得了。不過他面對孩子的問題絞盡腦汁思考、做出回答的樣子，一直深刻烙印在F的腦海裡。

那個每天深夜拖著一臉疲憊回家，週日夜晚嘆息著不想上班的父親，竟然認真思考「工作意義」。這景象對F來說，想必覺得十分新奇。

唯有主動「探索」，才能找到「工作意義」

在這次的大規模調查數據分析的過程中，我們發現「為工作賦予意義」對中高齡員工的工作表現似乎會帶來非常大的影響。看到這個結果，讓我想起了上述F的故事。

如果孩子問你同樣的問題，各位會怎麼回答呢？

或者，假設你必須對三十個小學生說明自己是為了什麼工作，你會怎麼說呢？

「為了薪水。」

「為了養家糊口。」

「為了自己的價值。」

「為了讓社會變得更好。」

這個問題當然沒有「正確答案」，端憑各人的價值觀來回答。

只不過，在這裡要請大家確認的是，「你花了多久的時間做出回答？」更進一步來說，各位平時哪些機會可以讓你回過頭去思考「工作意義」呢？

如果是年輕人或是新進員工，應該經常受到上司或前輩傳授所謂的「工作意義」。

「這麼做背後的原因是因為……」

「你要這麼做，客戶才會高興。」

「這項工作可以對社會帶來貢獻。」

但是，到了中高齡期之後就不是這樣了。非但身邊沒有人會告訴你工作的意義是什麼，很多時候還會被指派從一開始就不知有何意義的工作。因此，這個時候就必須自己動腦（有時候還得像F的父親一樣絞盡腦汁）為工作「製造」意義。

我們就姑且把這個過程稱為**「賦予意義」**。以PEDAL來說，就是第二項的「Explore」，也就是**針對眼前的工作深入思考，「探索」其中的意義**。

意義不一定要「偉大」

在另一項針對中高齡員工的調查數據也顯示，阻礙成長的第一因素，就是「感覺不到工作的價值和意義」（＊10）（〔圖表2-1〕）。賦予工作意義對創造「價值」來說，扮演著決定性的關鍵角色。

「自己已經不是剛畢業的求職生了，就算說這些『漂亮的話』，職業生涯也不會有任何改變。」

就算不這麼想，但說到要重新賦予

◉ 圖表2-1　阻礙成長的因素

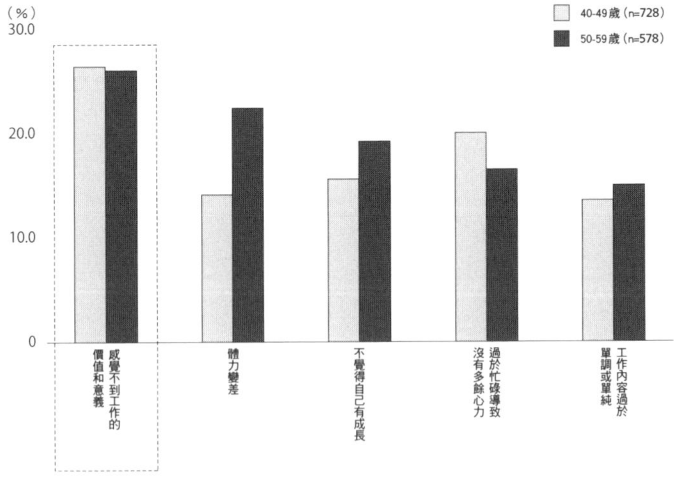

「喪失工作價值和意義」是阻礙成長最大的因素

出處：PERSOL企管顧問公司（2018）萬人上班族就業與成長定點調查

工作意義，恐怕也很難馬上就採取實際行動。即便明白「賦予工作意義會左右中高齡期的工作表現」，想必還是有很多人無法找到答案。

因此，接下來讓我們來看另一項研究數據。

〔圖表2-2〕是針對「為工作賦予意義」（Explore）行為特徵明顯的人，分析他們在工作時的「工作意識」所得到的結果，並且依照影響程度高低進行排列。

從這個圖表可以知道，「賦予意義」說起來簡單，其實包括各種不同層面的複雜意義。

尤其影響程度最大的前三項，也可以換成以下說法：

◉ 圖表2-2　影響「為工作賦予意義」行為特徵的「工作意識」

排行	項目	影響程度（β）
1	**我的工作對社會具有貢獻和意義**	**.134**
2	**可以在組織內變得更具影響力**	**.120**
3	**感覺自己因為工作獲得成長**	**.100**
4	在目前的公司可以從事有意義的工作	.082
5	被交付組織內相當重要且扛有責任的工作	.080
6	可以學到高度專業知識	.073
7	可以自己決定做事的方式	.064
8	在目前的公司可以善用自己的經驗做事	.064
9	在工作的過程中，自己的意見相當受到組織的重視	.055

對「社會、組織、自己」具有意義

註：控制年齡、轉職次數、年資等屬性的多元迴歸分析結果。顯著水準皆為5%
出處：石山恒貴、PERSOL企管顧問公司（2017）中高齡上班族發展實情調查

①對「社會」的意義
②對「組織」的意義
③對「自己」的意義

如果只是針對眼前的工作本身去思考，要想找到「工作意義」相當困難，一定要透過和工作「以外」的部分做連結去重新思考。這時候不妨可以從上述的三個角度來問自己。只不過，根據設問的角度不同，探索的難易度也不一樣。

舉例來說，如果問擔任會計的人「你的工作對『社會』有什麼意義？」，對方恐怕也回答不出來。同樣的，像是「處理單據對『你的人生』來說有什麼意義？」之類的問題，本身也不算是個好問題。

但是，如果是針對「公司」，會計的工作意義應該就會相當明確。所以對這個工作來說，可以針對最容易探索的「②對組織的意義」做更進一步的思考。

為什麼永遠有「無意義的工作」？

身處在企業組織中，不時會遇到不合理的工作，有時會讓人不禁感嘆「為什麼自己非得做這種沒有意義的工作不可！」。

換個角度來說，這也意味著自己找不到工作「對組織的意義」。也就是不知道自己是「為了什麼而工作」。沒有什麼比失去工作意義，卻還得完成工作要來得讓人更痛苦了。

杜斯妥也夫斯基在《死屋手記》中曾提到，在西伯利亞政治犯收容所裡有一種刑罰是，讓犯人「在地上挖一個洞，將挖出來的土堆成土堆，然後再把洞填滿」。有囚犯甚至最後因此自殺。換言之，不斷重複做沒有意義的工作，會給人的心靈帶來難以想像的疲倦。

雖然程度不同，不過「公司強迫員工做沒有意義的工作」，恐怕也是事實。假如真是如此，光是抱怨也解決不了任何問題。因此，為了讓「沒有意義的工作」徹底消失而願意採取具體行動，是非常令人敬佩的一件事。

另外，我也希望各位能夠思考一點：**「個人所賦予的意義」和「組織方針」，兩**

者真有可能達到完全一致嗎？

所謂現實的工作，不就是組織方針與個人想法之間不斷存在著「分歧」，卻只能在崩潰邊緣繼續打滾求生嗎？

「這樣眼光太低了！應該要不斷追求理想的工作環境才對！」面對這樣的批評聲音，我當然願意接受。不過就像在序言中所說的，在漫長的改革中，員工的職業生涯仍然繼續在往前走，不會因此停下腳步等待。假設是這樣，除了大刀闊斧進行組織改革以外，「退而求其次的方法」就變得相當重要。

說得有點偏離正題了。不過，總之我要說的是，以個人的角度來說，最好的作法是先理所當然地接受「公司和自己之間的想法分歧」，然後再想辦法一步步消弭這些分歧。這就是所謂的「賦予工作之於組織的意義」。

關於「賦予工作之於組織的意義」，最近有一套理論相當受矚目，稱為**「工作塑造」**（Job Crafting）（＊11）。

簡單來說就是員工根據自己的志向去創造職務（crafting），進而改變面對工作的心態。研究證實，工作塑造可以大大提升員工的鬥志和工作表現。

這套工作塑造的理論，出發點同樣是「工作之於組織的意義」。換言之，就算根據個人的志向去「創造」工作，不過在這之前，仍然必須先思考「自己被交付的工作」對組織具有何種意義。

即便是探索「對自己有意義的工作」的工作塑造，重點也應該先深入思考「自己的工作對組織的意義」，以化解組織和個人之間的分歧，一步一步開始著手。

「做事只想到自己」的人，總有一天會迷失方向

在抱怨自己的工作，不懂為什麼要被迫做沒有意義的事情時，大部分的人都只會從現場的角度去思考。現場的角度固然重要，但是**如果想找出工作的「意義」，一定要跳脫到當下的事件「以外」**。

因此，在「賦予工作之於組織的意義」的時候，建議可以從以下兩點出發：

① 從宏觀的角度：站在「經營者」的立場思考

② 從微觀的角度：站在「對方」的立場思考

首先是宏觀的角度。**假如你是公司老闆，會怎麼看待你現在的工作？**從整體組織來看，為什麼要設立你現在的部門和業務呢？

就算是乍看之下不合理的業務，只要不斷從經營者的角度思考意義，一定可以對原本的工作完全改觀。到了中高齡期仍然維持良好工作表現的人，隨時隨地都在思考「自己的工作之於組織的意義」。

當然，要站在老闆的立場重新思考自己的工作也有困難的一面。所以，各位要注意的另一點是，將範圍縮小，從微觀的角度思考工作的意義。

例如，可以從「職場」等小範圍來思考工作意義。各位可以回想每天和你在同樓層工作的同事。

你的工作對這些人而言具有何種意義？你對他們又有何貢獻？就算所屬的部門不會直接為公司帶來利益，只要以「對同事的貢獻」作為評價標準，一定能為自己的工作找到不少「意義」。

近年來有某部分的企業開始採取「同儕獎金」（peer bonus）制度，也就是同事之間針對表現優異的人互相給予獎金。另外，據說還有某家外資企業在公司內部成立社群媒體，依照同事給予的肯定（例如按讚數之類），在人事考評上予以加分。

這些人事制度背後的出發點，都是希望透過「同儕之間的肯定」，促使員工找到「工作意義」。就算不用這些方法，也應該「隨時保持笑容」、「充滿朝氣地與人打招呼」，藉此持續探索「自己的工作之於組織的意義」。

REFLECTION

☐回想一件你覺得「沒有意義、浪費時間」的工作。假設今天你是公司老闆，被問到「為什麼要設立這項工作？」時，你會怎麼回答？

☐你的工作會給公司裡的「誰」帶來幸福嗎？想像一個你最想「為他貢獻」、「為他帶來開心」的人。

現在開始你能做的事10

跳脫「公司內部邏輯」重新審視工作

新規事業帶來「意想不到的效果」

上一節的〔圖表2-2〕揭露了「工作意識」對「為工作賦予意義」的影響。

接下來讓我們稍微換個角度來分析累積何種「經驗」有助於「為工作賦予意義」。各位請看〔圖表2-3〕。

☜ 學習關鍵字

由外而內的思維　對社會的意義　敘事治療

主要故事　替代故事　職涯諮商

從〔圖表2-3〕可以清楚看到，影響最大的前三項依序分別是「創立新規事業」、「參與公司外部的讀書會與交流會」、「長期派駐海外（一年以上）」。也就是說，**跳脫「公司內部」或「職場內部」的邏輯，對「為工作賦予意義」來說可帶來正面效益。**

舉例來說，從零開始創立新事業的新規事業開發過程，就是一連串「『這個新事業』有何重要？」的自問自答。這個問題的對象當然不只是自己，因為假設沒有向公司上層或既存事業的夥伴說明「這項新事業有何意義」，並且獲得內部協助，新規事業不可能快速成立。

這對於只需要面對既存事業這種對事業

◉ 圖表2-3　影響「為工作賦予意義」行為特徵的「經驗」

排行	項目	影響程度（β）
1	創立新規事業	**.073**
2	參與公司外部的讀書會與交流會	**.066**
3	長期派駐海外（一年以上）	**.055**
4	參加研習講座（管理技巧的學習）	.050
5	參加研習講座（由公司內部員工開辦的職涯諮商）	.047
6	參加研習講座（領導技巧的開發）	.044

走出「外面」的經驗會激發員工開始思考「工作的意義」

註：控制年齡、轉職次數、年資等屬性的多元迴歸分析結果。顯著水準皆為5%
出處：石山恒貴、PERSOL企管顧問公司（2017）中高齡上班族發展實情調查

的存在意義擁有相當的共識，彼此能夠有默契地共事的人來說，是相當難得的經驗。

而且，這裡所說的「意義」，不只是對組織而言。如果只是站在「這可以為公司的事業版圖創造新的附加價值」這種對內觀點，恐怕很難引起公司內部的興趣。如果想獲得公司內部的瞭解和必要的支援，就必須具備**由外而內的思維**，從顧客和市場、社會等各個角度（＝公司外部），重新回過頭來賦予自家事業（＝公司內部）新的意義（＊12）。

為什麼一到退休年齡就會喪失「工作的意義」？

只要從上述的觀點去思考，其實就會明白為什麼「創立新規事業」的經驗對「為工作賦予意義」的影響最大。但是，並非每個人都能有創立新規事業的經驗，所以這種「想找到工作對社會的意義，不妨先嘗試創立新規事業」的建議，未免太不切實際了。

下頁〔圖表2-4〕是把「認為自己的工作具有社會意義」的人，依照年齡製作成長條圖。以整體平均來看，認為自己的工作具備「社會意義」的人約有31.1%。

這裡值得注意的是65～69歲的數據。相較於比例最低的45～49歲只有27.8％，65～69歲的人足足多了12％（39.8％），可見這個年齡層的人對於「工作的社會意義」特別感興趣。

由此可知，屆齡退休伴隨而來的「暫時離開公司的經驗」，以及「離開組織後產生不同觀點」所造成的影響不容忽略。

和這一點類似的是P117〔圖表2-3〕的第二項「參與公司外部的讀書會和交流會」。向公司外部的人說明自己工作的時候，一定要具備「公司內部意義」以外的觀點。

重點在於面對「組織以外的人」「說明」自己的工作。

◉ 圖表2-4　認為自己的工作具備「社會意義」的人口比例（以每5歲為一個區隔）

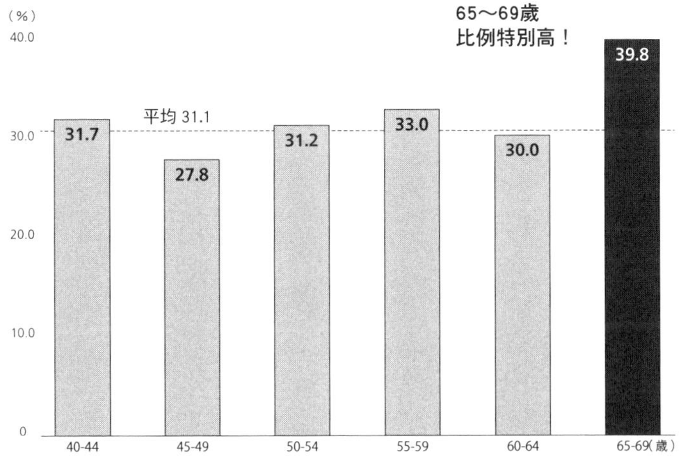

「離開公司的經驗」會促進「意義的探索」

出處：石山恒貴、PERSOL企管顧問公司（2017）中高齡上班族發展實情調查

從這一點來看，說明的對象不一定要是參加讀書會或交流會的上班族，也可以是朋友或家人，當然也可以是孩子。這也可以說，**向不具備公司內部邏輯的人說明「自己的工作有何意義」，是意義非凡的一件事。**

將工作「故事化」就能擺脫「偏見」

職涯諮商經常會運用一種叫做**「敘事治療」**（narrative approach）的方法。這種方法從一九九〇年代起就被廣泛運用在以人為對象的協助活動中，除了職涯諮商以外，還包括保險醫療、社會福利、教育等方面。

敘述（narrative）是個形容詞，具有「故事性」、「講述」的意思。

有煩惱的人，心裡通常多少都有故事，例如「因為〇〇，所以～」。像這種當事人深信不疑的故事或某種迷思，就稱為**「主要故事」**（Dominant Story）。敘事治療就是透過諮商，讓當事人說出心裡的主要故事，然後轉換成另一個**替代故事**（Alternative Story），藉此解決問題（＊13）。

中高齡員工失去「工作的社會意義」，很可能就是因為受到某種主要故事的影響。例如：

「公司不重視我的工作，所以才會毫無預告就要我退位。」

「那個年輕上司不喜歡我，所以才會要我做一些沒有意義的工作。」

「我們這些泡沫期入社族過去一直都被慣壞了，所以才會沒有機會提升自己的能力。」

類似這樣的「故事」，通常都出乎意料地根深柢固，就連自己也毫無自覺，就這樣因此變得無法採取行動。要想從主要故事中跳脫，光靠自己很困難，一般認為最好能夠接受外在的協助。

這時候能夠發揮作用的就是所謂的職涯諮商。在感覺到職涯「停滯」的時候，可以試著接受職涯諮商。這對於「重新找到」自我工作的社會意義來說，效果相當好。有些企業甚至會跟諮商師或諮商團體共同合作。

除此之外，其餘的諮商管道全都整理在下頁的〔圖表2-5〕中，各位可以善加利用。

◉ 圖表2-5　可利用的職涯諮商管道

❶ 擁有國家資格證照的職涯諮商師
（譯註：台灣的國家證照目前沒這項）

自2016年4月起，職涯諮商師正式納入日本的國家資格證照之一。在「職涯諮商師搜索引擎」中，雖然並非所有擁有國家資格證照的職涯諮商師都會登錄為會員，不過只要輸入條件，就能找到最適合的職涯諮商師。包括所在地區和專業領域、收費等訊息全都一清二楚，對於初次尋求諮商的人來說相當方便。

職涯諮商師搜索引擎：
http://careerconsultant.mhlw.go.jp/search/Matching/CareerSearchPage

❷ 職涯相關養成講座
（譯註：CDA及GCDF為台灣目前職涯發展領域的兩大專業證照）

在職涯諮商師正式納入國家資格之前，專門培育職涯顧問（或諮商師）的團體。以下為養成講座中知名度最高，且保持持續更新資料的團體，可確保一定程度的品質。

日本職涯開發協會（JCDA）
https://www.j-cda.jp/ccr.php

職涯諮商協會（CCA）
https://www.career-npo.org/soudan/

日本產業顧問協會（JAICO）
http://www.counselor.or.jp/consultation/tabid/292/Default.aspx

❸ 所屬企業共同合作的外部諮詢機構
向所屬企業簽約合作的「員工協助計畫（EAP）企業」尋求諮商。說到EAP（Employee Assistance Program），一般人很容易誤以為是心理健康方面的諮商管道。事實上，許多EAP機構也有提供職涯方面的諮詢。由於是外部機構，因此不必擔心諮商內容會被公司知道。雖然不是每一家公司都有和EAP企業合作，但由於EAP企業提供免費諮詢，對於沒有諮詢經驗的人來說是相當方便的管道。

喚醒「已經忘記的重要大事」——室蘭市職人的例子

向「組織外的人」「說明」自己的工作，有助於找到「工作的社會意義」，因為這麼做具有類似於職涯諮商的效果。

在向外部的人說明自己的工作意義時，大部分的人都會暫時拋開心裡的主要故事。於是這時候就能「發現」自己過去也沒注意到的工作意義。

上一節提到F的父親於平日對工作滿是抱怨，但是在向孩子說明「自己為什麼工作」時，也會開始思考「別的故事」。讓自己有機會面對這種情況，對於提高「賦予工作意義」的能力來說，效果非常好。

我自己也曾親眼目睹過這種「敘述的力量」。以前我曾經和北海道的室蘭市共同合作開辦一個以高中生為對象的職涯講座，當時的其中一堂課，邀請了室蘭市當地的十位職人來到現場。

我要求學生們透過以下的問題，針對每個職人面對自己的職涯最重視的價值觀進行訪問，最後再將答案整理、製作成海報。

「面對工作，什麼時候會讓你有成就感？」
「過去經歷過最辛苦的事是什麼？」
「你覺得自己現在還在繼續成長嗎？」
「你在工作上最重視的信念是什麼？」

這些問題換成我自己被問到，也會頓時陷入思考。

最後，在海報發表結束之後，我才發現一個出乎意料的效果。那些接受完高中生採訪的大人們，個個看起來都顯得神清氣爽，紛紛感嘆「被問到這些問題，讓我想起最重要的事」、「以前從沒想過這種問題」、「藉由回答這些問題，我才第一次釐清自己的想法」。

順帶一提的是，想當然耳在這之後，我就和這些因為意外對自己有了新發現而雀躍不已的職人們，一同徹夜把酒言歡。

REFLECTION

□假如要向十歲的自己說明「現在自己的工作有何意義」，你會怎麼說？

□將自己感受到停滯感的過程，以條列的方式寫下來。檢視其中是否隱藏著什麼主要故事。

現在開始你能做的事11

用一張清單找回「被遺忘的關心」

回答「工作只為賺錢」的人所忽略的重點

前面我們已經針對工作之於「組織」和「社會」的意義做了說明。不過，或許有人會覺得，自己的工作無論是對組織還是對社會，根本都毫無意義。

各位應該會覺得，剛從學校畢業的社會新鮮人也就算了，自己已經在組織中耗掉

學習關鍵字

財富魔咒　忘記喜歡的事物　生命主題
尊敬的三個人　反思清單

人生的大半時間，對於工作的真實面貌和不合理的一面，也早就習以為常。這時候還說什麼「工作之於組織的意義」和「工作之於社會意義」，光是要思考這種「虛有其表」的事就覺得丟臉。

說得直截了當一點，各位沒有必要勉強自己思考工作意義。只不過，就算省略這些不做，唯獨「工作之於自己的意義」這一點，到中高齡期最好還是要深入去思考答案。**探索工作之於「組織」和「社會」的意義，可以說都只是為了幫助找到工作之於自我的意義**。

「工作之於自我的意義？很簡單啊，就是賺錢。工作就是為了填飽肚子。」

有些人可能會這麼說。或者就算沒有那麼直接，不過稍微想過之後，最後的答案還是「嗯……要說有當然有，不過其實說到底都還是為了錢」。這樣的人也不少。

在現代社會中，工作理由跟「錢」完全扯不上任何關係的人，恐怕少之又少。就連我自己也是，如果問我「工作是不是為了錢？」，我一定毫不猶豫馬上回答是。

可是，如果問題的真正意思是「工作是不是『只』為了錢？」，我的答案則會是否定。各位的答案又會是什麼呢？接下來讓我們來做個思考實驗吧。

「一千萬日圓」與「一千億日圓」的思考實驗

「給你一千萬日圓，不過你要在三天內全部花光。」

假設遇到這種狀況，各位會怎麼花這筆錢呢？「償還房貸」、「買頂級車和名牌」、「買東西送給父母」……答案可能很多，不過應該可以看出大致的方向。

那麼，如果把問題改成以下這樣呢？

「給你一千億日圓，不過你要在三天內全部花光。」

這種時候，聰明的人大概會回答「拿去買金融商品」吧（因為以投資報酬率一年1％來計算，一年就能賺到將近十億（稅前）的利息）。不過，假設這個答案不符合

「全部花光」的條件呢？

這時候恐怕沒有人可以馬上回答得出來。就算拿去償還一億日圓的房貸，也還剩下九百九十九億。即使隨心所欲地買東西，也不可能有人可以在三天內花完一千億日圓。

每個人的答案天差地別，從中就能看出一個人「最根本的欲望」。

認為「自己工作是為了錢」的人，很有可能只是沒有深入去探索「自己賺了錢要用來做什麼？」而已。也就是說，**認為「工作是為了賺錢」的人，非常有可能思考只停止在「眼前」的階段**。最好的證明就是，如果針對覺得「工作的意義當然很多，不過說到底都是為了錢」的人問：「所謂『很多』指的是什麼？」大部分的人幾乎都答不上來。

花太多時間在工作上，會讓人錯過「真正喜歡的事物」

另一個類似的答案是「為了晉升而工作」，或是「就是想讓自己變得更了不起」。如果工作是為了想晉升，背後的原因又是「為什麼」呢？

「想讓身邊的人刮目相看？」
「想維持家人的生活和家計？」
「想擁有穩定的地位和頭銜？」
「想更上一層樓？」

如果是因為想讓人刮目相看，那又是為什麼呢？

各位必須像這樣藉由不斷問自己「為什麼？」，深入思考「這真的是自己最根本的欲望嗎？」。除非找到自己關心的「源頭」，否則不可能找到工作「對自己」的意義。

這種反覆提問「為什麼覺得那樣比較好？」「那件事會帶來何種好處？」，一步步深入探索根本價值的方法，稱為**階梯式詢問法**（laddering），是市場調查中的定性研究經常會用到的手法。

不過，**探索自己「關心」的事物，其實相當困難**。

尤其每天忙碌於「眼前該做的事」，只能把「總有一天想做的事」擱在一旁的人，很多幾乎都已經漸漸忘記「自己關心什麼」了。

中高齡的人都必須從經驗的瓦礫中，挖掘出當初形塑自我體驗、自己真正關心的「源頭」。接下來就為各位介紹兩個方法。

發現自己「關心什麼」的方法——尊敬的三個人與生命主題

第一個要介紹的，是商務專用社群網站「LinkedIn」創辦人雷德．霍夫曼（Reid Hoffman）所提出的方法（＊14）。

霍夫曼將個人與企業透過互相磨合期望、建立信賴關係來達到一定時間的合作關係稱為**「聯盟關係」**（alliance）。個人為了擁有自主的事業，必須清楚知道自己重視的**價值觀**為何。

為此，霍夫曼建議的方法是：**找出「三個值得尊敬的人」**。先列出三個「名字」，分別寫下三人各自擁有的「資質」，最後再將合計九項的資質依序排列，就能看出自己「想成為這種人」的價值觀。

另一個方法是職涯心理學家馬克·薩維科斯（Mark Savickas）所提倡的**生涯建構論**。

根據薩維科斯的觀點，為了追求更好的生涯，人必須深入探索自己的**生命主題**（Life Theme，人生的主題）。

薩維科斯的觀點特色，**在於人在幼年時期感興趣的事物，通常就是自己關心的源頭**。他認為，人在長大的過程中會逐漸迷失自己的生命主題，因此必須透過〔圖表2-6〕的問題，重新找回「真正關心的事物」（＊15）。

◉ 圖表2-6　生涯故事問卷表（擷取其中一部分）

1. 小時候在成長的過程中，你曾對何種人懷有憧憬和尊敬？請針對那種人稍加描述。

2. 你是否有固定瀏覽的雜誌或電視節目？是什麼？那些雜誌和節目哪一點吸引你？

3. 你喜歡什麼書和電影？請簡單描述內容。

出處：馬克·薩維科斯（著）／日本生涯開發研究中心（監譯）／乙須敏紀（譯）《生涯建構論》／福村出版pp.202-203

將整個職業生涯整理成「一張地圖」——反思清單

以上兩種方法，基本上最好是與諮商師直接面對面進行。當然要自己做也是可以，只不過一旦少了反饋，最後可能難以見效。

所以在這裡要推薦各位另一種方法，也就是下頁（圖表2-7）的**「反思清單」**。這是我們獨創的一份表格，讓人可以藉由回顧自己的職業生涯，找到背後隱藏的價值觀。

首先從簡單的部分開始填寫。生活的部分包括「住過哪些地方」、「房子格局與房貸」等；職業生涯的部分包括「在哪家公司任職哪個部門」、「主管是誰」等。建議可先從這些部分開始回顧。

接著，填入做過什麼工作、成功經驗或重大失敗（工作上）、戀人、朋友、熟人、結婚、生子等人際關係上的事件（關聯）。這些都是促使價值觀改變的重點。

最後填上「學習收穫」。另外，關於個人生活方面有過什麼病痛，或是開始嘗試慢跑或高爾夫球、料理等事件，分別寫在「交際、興趣」及「健康」的欄位。

各位可以像示範一樣，以某個階段為劃分來回顧，例如「22～24歲」「25～31

	生活			
學習收穫	住處／家庭	交際、興趣	健康	學習收穫
禮儀等商務基礎	柏／單身	擔任同期會幹事，舉辦多場聚餐活動		對於不同於學生時代的人際關係感到新奇
從未接觸過全新系統工具的研發，整個過程相當開心，也開展了自己的商務視野	柏／單身	和女朋友到沖繩旅行		開始上網球課
激發團隊動機、學習領導力	松戶／結婚	搭郵輪去地中海蜜月旅行，心境境煥然一新！	酒量突然變好	網球課一直持續到35歲
	松戶／長女出生		體重爆增	開始上英語會話課

先從「寫得出來的部分」開始填寫！

◉ 圖表2-7　反思清單（範例）

年齡	職業生涯			
	所屬（職位）／主管	業務、業績	感到開心的事	不滿意的事
22-24歲／1-3年	營業一部／田中先生	法人業務	和同期的夥伴共同度過許多難關	不顧一切埋頭努力工作。太常加班了！
25-31歲／4-10年	營業企劃部／澀谷先生→高橋先生	業務推廣系統工具研發及開發		好不容易才習慣業務的工作，主管卻突然換人。和新主管高橋先生在作業方式上出現分歧
32-39歲／11-18年	營業企劃部（小組負責人）／高橋先生		第一次當主管，雖然辛苦，但是心裡很滿足	
40-45歲／19-24年	營業企劃部（主任）／櫻井先生			一直做同樣的工作，感覺遇到瓶頸……
歲／年				
歲／年				

歲」等。或者，如果想徹底進行「探索」，也可以「以一年為單位」來製作清單，就像「職涯年表」一樣。

實際填寫之後，會發現其實不簡單，有時候怎麼想也想不起來，而且相當耗時。不過，當完成之後再回頭仔細看，原本忘記的事情會一一喚醒記憶，漸漸看出「自己真正喜歡什麼」、「重視什麼」。各位可以照著表格格式，親手製作屬於你自己的反思清單。

REFLECTION

- □假設你現在手邊有一千億日圓，你會用這些錢來做什麼？請寫出三個答案。
- □繪製一張反思清單的表格，在「住處／家庭狀況」和「所屬部門（職位）／主管」兩個欄位填入答案。檢視自己填寫的內容，寫下三個促使自己做出重大轉變的重點。

CHAPTER 3

擅長和比自己年輕的人相處

[Diversity]

現在開始你能做的事12

用「先生小姐」稱呼每個人，並使用「敬語」

光是從日常對話就能「看穿」關係

Y課長：「Sくん，上次說的那件事，咱們就這麼試試吧。」

S部長：「原來Yさん的想法是這樣啊，那Hくん你呢？」

H：「關於這個，我也贊成Yさん的意見。」

學習關鍵字

上司和下屬年齡顛倒　さん／くん的稱呼方式

職務性稱呼　多元化　年齡歧視

這是日本職場中常見的對話。應該沒有人覺得哪裡不對勁吧。

不過，事實上這段對話透露了日本企業最典型的人際關係特徵。各位知道是什麼嗎？

在這裡請大家要注意的是**「稱呼」和「敬語」**。Y課長稱呼S部長為「Sくん」，這是相當直接的說話方式。

另一方面，身為部長的S雖然在職位上比Y高，卻是用敬語來應答。但是對一般員工H，卻是以「くん」來稱呼，並沒有使用敬語。

各位發現了嗎？只要是任職於傳統日本企業的人，光是從這段對話，應該就能知道這三個人的年齡順序，也可以看得出三人**在職位上的高低與年齡（或者是畢業後進入公司的年次）大小之間有著些許「較勁」的感覺**。

- **職位高低：S → Y → H**
- **年齡大小：Y → S → H**

在傳統的日本企業當中，稱呼比自己年紀大（入社年次比較早）的人習慣會加上「さん」（譯註：對他人的尊稱，男女皆適用），稱呼比自己年紀小（入社年次比較晚）的人自然會加上「くん」（譯註：對平輩或晚輩的稱呼，主要用於男性）。

類似這樣的對話，日常職場上不斷上演，很自然地所有人的高低順序一清二楚，大家在不知不覺間也就接受了「年功序列」和「年次管理」的企業方式。

但是，即便是在應屆畢業生統一錄取帶來的「同期文化」與「年功序列」並行的職場中，**下屬和上司年齡顛倒**的現象也愈來愈常見。具體來說就是**「身為晚輩的上司（年輕上司）」與「身為前輩的下屬（前輩下屬）」**的組合。

這種現象近年來才出現，主要起因於社會高齡化和景氣循環造成企業內部的年齡結構出現不正常的變化，加上許多企業紛紛導入退位與成果主義等各種人事措施，因此導致這樣的結果。

下頁〔圖表3-1〕整理了各年齡層（以每五歲為一個區隔）的直屬上司的年齡。可以發現，隨著自己的年紀愈大，上司年紀比自己小的比例也愈來愈高，這是很正常的現象。

「さん／くん」的魔咒

「現在是講求『成果』和『實力』的時代，什麼年齡差距的，我根本不在乎。」

嘴巴上這麼說的人，其實到現在還是一樣存在著上述「稱呼」和「敬語」的觀念。也就是下意識還是會視對方比自己「年長或年輕」來稱呼，是前輩就用「さん＋敬語」，是晚輩男性就用「くん」。

在同期文化根深柢固、凡事講求「入社年次」的公司裡，組織文化通常比較習慣這種**「さん／くん」的稱呼方式**。另外，像是上下關係或指示、命令體系相當

◉ 圖表3-1　直屬上司的年齡

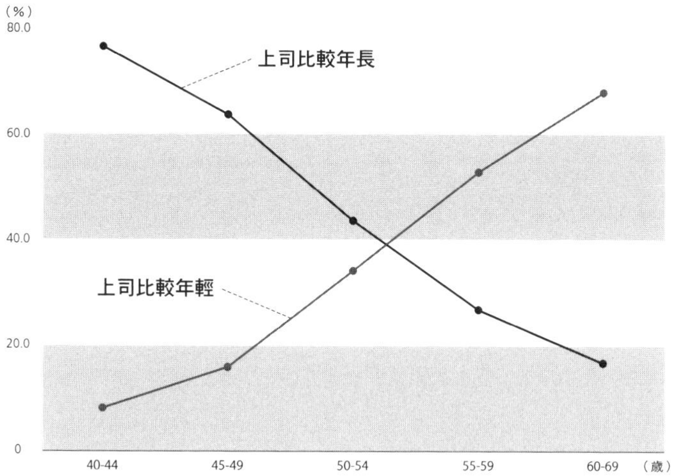

年紀愈大，「年輕上司」的比例也愈來愈高

出處：石山恒貴、PERSOL企管顧問公司（2017）中高齡上班族發展實情調查

明確的職場，或是被稱為「體育會系」（譯註：重視上下關係的一種團體文化）的組織等，通常也都是如此。

在視同期文化為理所當然的職場中，會因為「僅僅只差一歲」這種與工作毫無相關的條件，在公司裡說話的方式就大不相同。雖然當事人可能也不懂為什麼。就某種意義上來說，這實在非常奇特。

在「上司與下屬年齡顛倒」的現象尚未出現之前，也就是職位和年功的高低一致的時代，還有另一種稱呼方式是**「職務性的稱呼」**。例如：

「〇〇部長，△△公司的客戶來電。」
「××課長，這是下週的會議資料。」

職務性稱呼有時會過於強調組織內部的「上下關係」，因此如今備受檢討。當然，現在還是有企業仍然維持這種稱呼方式。

就算公司取消職務性稱呼，但只要「さん／くん」的稱呼方式還繼續存在，上下關係依舊會根深柢固地繼續存在於職場上。這才是「さん／くん」的稱呼方式可怕的

地方。就算改掉職務稱呼的習慣，以為自己已經落實扁平化組織，但實際上還是殘留著老舊的組織文化。

要解決這個問題其實非常容易，**只要從現在開始，對每個人都加上「さん」來稱呼就行了**。

實際上，在擁有眾多來自外部的轉職者，彼此年齡與年資高低排序錯亂、讓人無法完全掌握的公司，最好（或者說是不得已）的方法，就是不管比自己年長或年輕，一律以「さん」來稱呼對方。

即使是習慣使用「さん／くん」的公司，自己也可以用「さん」來稱呼所有人。一開始可能會覺得奇怪（其實我也曾經歷過這種時期），不過意外地很快就會習慣。

年輕人都在看「你的遣詞用字」

根據對方的年齡、職位、性別等改變用詞和說話，甚至是管理方式的這種舊有習慣，如今已漸漸受到檢討。

現在人重視**「多元性」**（Diversity），也就是不再強調個別之間的差異，而是坦然地接受。尤其現在的年輕世代，愈來愈多人開始在意職場是否具備多元性。

〔圖表3-2〕是以Y世代（1980～1995出生的人）為對象，調查他們在選擇職場時對多元性的重視程度所得到的結果（＊16）。

如同圖表所示，多數年輕人都會在意職場是否具備「接受多樣化的氛圍」。尤其可以發現女性在這方面的傾向格外明顯。

「喂，佐藤，上次那件事後來怎樣了？」

◉ 圖表3-2　就業時對於職場多元性的重視程度

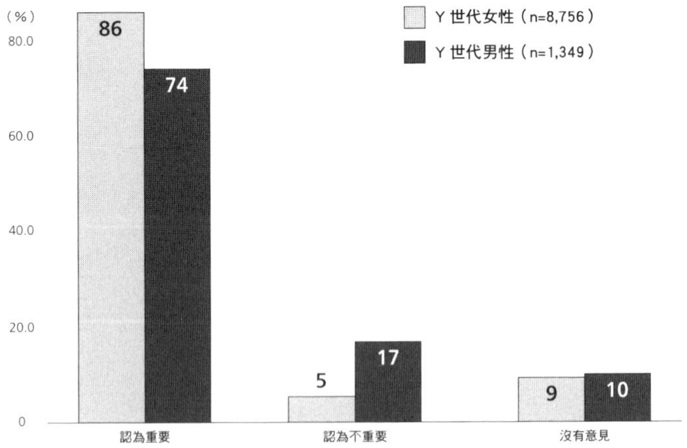

年輕女性尤其格外重視「職場的多元性」

出處：PwC. (2015). The Female Millennial: A New Era of Talent.

各位是否也曾用過這種說話方式呢？年輕人當然不會提醒你「前輩，你這樣說話不會覺得不好意思嗎？」。只不過他們都看在眼裡。

另外，我們的研究也針對「不在意跟想法不同的人共事」的人做了年齡上的比較，結果就如同〔圖表3-3〕所示。

如果把「不在意跟想法不同的人共事」視為「多元性包容度」來看，可以發現，45～60歲中高齡階段的比例突然驟降，整個圖表呈現「U」型變化。這或許是因為，人到了這個階段，在思維上會開始呈現某種僵化，對於和自己價值觀不同的人共事會感到壓力。

◉ 圖表3-3　「不在意跟想法不同的人共事」的比例

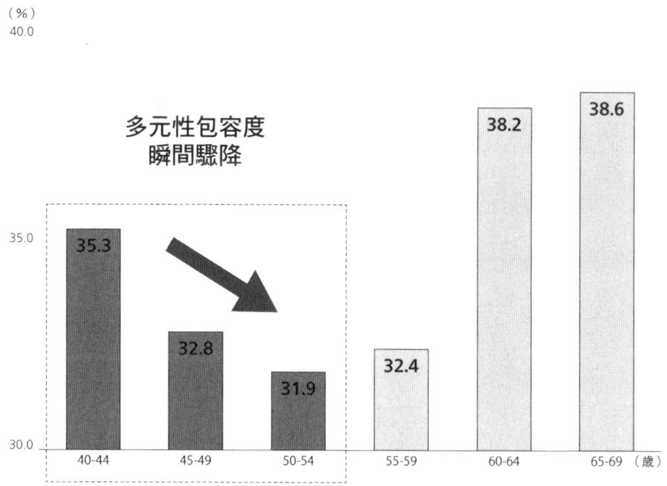

你是否也缺乏對「不同價值觀」的包容力呢？

出處：石山恒貴、PERSOL企管顧問公司（2017）中高齡上班族發展實情調查

「我以前年輕的時候，前輩叫晚輩直接喊名字很正常，所以我現在當然也這麼叫……」

事到如今，各位是否還有這種觀念呢？

如果是，或許表示你已經過度適應「さん／くん」的文化了。

各位不妨藉著這個機會，回頭檢視自己對多元性的包容度吧。

在意年紀的人，只會慢慢被後浪吞噬

我們之所以如此關注「さん／くん」的問題，或是對年紀比自己小的人直呼名字的現象，是因為這不單純只是說話方式的問題。從根本上來說，這和背後的**年齡歧視**脫離不了干係。

在意年紀大小的這種習慣，會給上司和下屬之間的關係帶來負面影響，甚至也有研究指出會加深個人的停滯感。

根據PERSOL企管顧問公司在二〇一八年所做的「萬人勞動人口就業與成長定點

調查」，中高齡的人「不排斥在比自己年紀小的人底下做事」的比例約為46％。反過來說，有半數以上的人，對於在比自己年紀小的人底下做事抱有消極的心態。尤其「資歷深，男性，管理職」的人，這種傾向更是明顯（＊17）。

就連嘴巴上說「一點也不在意年紀」的人，一旦以前是自己部下的人，後來輾轉成為自己的主管或考評負責人，心裡還是多少會有「疙瘩」。

這時候，重要的不是壓抑內心的複雜感受，而是自己**能不能拋開對年齡差距的偏見，把心態「調整」回上司和下屬的角色上**。

假如沒有做這種心態上的調整，繼續拘泥於過去「前輩和晚輩」的關係，最後只會給自己帶來損失。因為，隨著自己年紀愈大，職場上比自己年輕的人只會愈來愈多。**講求年紀輩份的人，只會讓自己因為這種價值觀而成為公司裡的「少數派」**。

中高齡的人如果像這樣不斷和年輕上司起衝突，或是被周遭人討厭，長久下來會讓自己變得進退兩難，於是漸漸失去「自走力」。

相反的，根據我們的分析，能夠完全拋開「年齡束縛」的人，也就是「善於和比自己年紀輕的人相處」等行為特徵強烈的人，以結果來說，工作表現也會特別突出。

既然如此，如果想克服「年齡障礙」，必須具備什麼樣的思維和行動力呢？

接下來就讓我們繼續看下去吧。

REFLECTION

□你是否會不自覺地在意同事的「年紀」？你是否會視對方的「年齡」改變稱呼方式和說話方式，以及請託的態度呢？

□想像「現在22歲的新人，十年後會成為自己的上司」。你是否感覺自己因為內心的「年齡歧視」而有所抗拒呢？

現在開始你能做的事13

當個「徹底反對的忠貞夥伴」

「相處融洽」不等於「交情好」

「既然這樣，下個禮拜我馬上就找公司裡的年輕人一起去聚餐……」

讀完上一節的內容，各位是否也這麼想呢？人際關係好當然最好，不過這裡所說

☜ 學習關鍵字
前輩下屬　追隨力
微觀管理　1on1

的「和比自己年輕的人相處融洽」，與其說是和年輕人成為酒友的那種「親密程度」，不妨把它解釋為工作上的「信賴」。

〈圖表3-4〉是我們從影響PEDAL行為的因素中，聚焦在「與上司、同事之間的關係」進行分析所得到的結果。

從圖表可以看到，和職場上的同事們「在私底下也有往來」，對提升自走力並沒有任何影響。和上司「感覺像朋友一樣」的親密程度，甚至反而會帶來負面影響。也就是說，**就算和公司裡的年輕人經常聚餐喝酒，假日還一同出遊，對於中高齡期的自走力也毫無提升作用**。

相反的，可有效提升個人自走力的方

◉ 圖表3-4　影響自走力的「與上司、同事之間的關係」

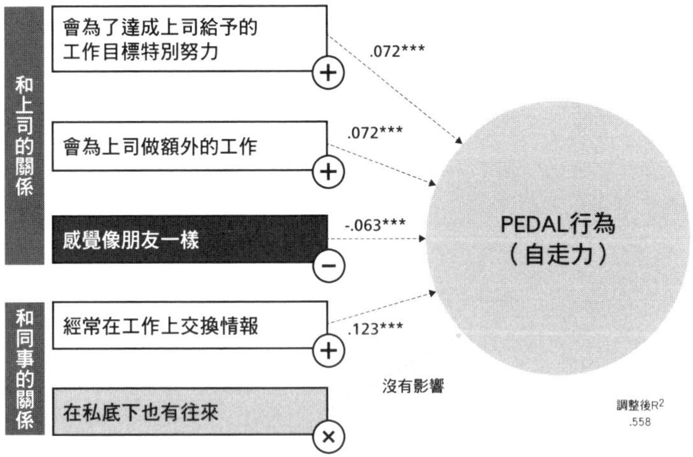

重點在於「工作上的溝通」，而不是「交情好壞」

註：控制年齡、轉職次數、年資等屬性的多元迴歸分析結果。***顯著水準1%，**顯著水準5%

出處：石山恒貴、PERSOL企管顧問公司（2017）中高齡上班族發展實情調查

法，是和職場上的夥伴「在工作上進行情報交換」。簡單來說就是雖然同樣是互相往來，不過必須要是**跟工作有關的交流。**

在如今這個年代，職場上的每個人都有自己工作的原因，已經很難再像以前一樣下班後大家一起聚餐喝酒了。

因此，**是否能夠不仰賴私底下的往來，而在工作上確實做到情報交換，就變得相當重要。**

既然如此，怎麼做才能跳脫年齡的偏見，在工作上做到情報交換、建立彼此信任的關係呢？接下來的內容會把重點聚焦在上司和下屬之間的管理上，從這一點去探討如何克服「年齡障礙」。

「年齡顛倒的管理」會面臨到的「摩擦」問題

前面內容提到，在現在的職場中，到處可見「職位與年齡顛倒」的現象。這時候就會產生各種「沒有交集」的情況。

在這裡我們就以擔任經理的山下先生的例子來思考。他的下屬之一，就是原本自己的前輩田上先生。

面對田上這位「前輩下屬」，一開始山下不曉得如何下達指令或批評，只能把工作分派給比較好拜託的年輕下屬。

另一方面，身為部下的田上，私底下也很納悶，不知道上司為什麼都不派工作給他。山下的用意原本是基於尊重前輩的資歷，所以盡可能不干涉田上的作法，沒想到卻造成田上產生「被看不起」的感覺。

於是田上下定決心，直接告訴山下：

「喂，山下，你該不會是在顧慮我吧？我也是你的部下，別想那麼多了，派工作給我就對了！」

山下這才鬆了口氣似地謝謝田上的這番話。從此以後，山下也開始指派工作給田上，就和其他年輕人一樣。雙方都很滿意這樣的關係。就這樣，兩人都以為彼此之間的尷尬已經化解——

沒想到，後來兩人在工作上為了一點小地方意見不同而起了衝突。

「搞什麼啊，山下，你當個主管，竟然連這點小事也不懂！你都忘了我以前是怎麼教你的嗎？」

從那之後，兩人的關係變得比以前更糟了。

山下開始小心翼翼地和田上保持距離。田上在部門裡也漸漸變得孤立，到後來甚至連工作都提不起勁。結果導致整個部門的氣氛也變得相當低沉。

「那傢伙要當主管還差得遠呢！」

職位和年齡顛倒，通常很容易出現類似這樣的情況。這一點從研究數據中也可以發現。

下頁〔圖表3-5〕是中高齡員工對直屬上司的「管理方式」的看法，並且從「上司比自己『年長』或『年輕』」來比較「對上司的評價差距」。圖表中列出了差距最大的前三項，以及唯一差距顛倒的項目。

差距最大的項目是「上司會給予思考工作目標的機會」。除此之外，幾乎在其他項目都是「年輕上司」的評價比較低。

也就是說，**「上司比自己年輕的人」，比較容易對上司懷有不滿**。

其中唯獨有一項，兩者的數字顛倒，雖然只有些微之差。那就是「上司在相處上會表現尊重」。

擁有「年輕上司」的人，雖然覺得對方的管理方式不夠完美，但是另一方面**也會察覺對方對自己存有某種程度的「顧慮」**。

假設這種「敬意＝顧慮」正是造成雙方摩擦的主因，這時候應該怎麼做，才能克服這種問題呢？

◉ 圖表3-5　對上司的評價（年輕下屬與前輩下屬兩者的比較）

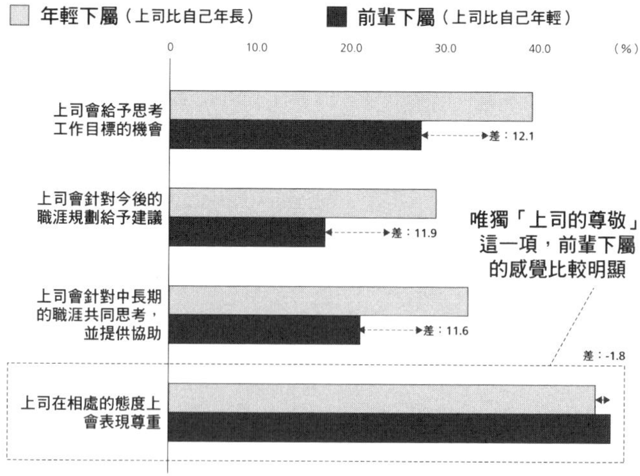

「前輩下屬」對上司的評價相對較嚴格！

出處：石山恒貴、PERSOL企管顧問公司（2017）中高齡上班族發展實情調查

正因為身為前輩，更應該全力以赴鍛鍊自己的「追隨力」

在上述的例子中，就算計較山下和田上誰不對也無濟於事。拋不開年齡歧視觀念的田上，搬出兩人過去前輩和晚輩的關係來說嘴，這當然不對。另一方面，山下身為上司，也應該在領導方面下更多工夫才對。

也就是說，雙方都有讓步的必要。

這時候，雙方可以從以下兩個觀點思考：

① 前輩身為「下屬」可以做的事：追隨力

② 晚輩身為「上司」可以做的事：領導力

先從第一點來看。如同先前提到的，擁有年輕上司的人，也就是所謂的「前輩下屬」，通常都會對上司的管理方式有所抱怨。當然也有可能是上司在管理方面的能力確實尚未成熟。

但是，如果只看到對方做得不夠好的地方，不也說明了是自己的歧視心理在作祟嗎？

或許是因為瞭解「年輕上司」在過去還是新進員工時的情況，或者是還記得對方在成長過程中犯下的重大失敗，所以才會莫名地認為「對方的能力還不夠成熟」。

假如是這樣，擁有較深資歷的前輩下屬，更應該先讓步。在批評對方不適任或能力不足之前，不妨先回頭想想自己能不能做些更有建設性的行動。

只會順從並不是「真正的追隨者」

其中的關鍵就在於**「追隨力」**（followership）。智囊、參謀、右腕（譯註：意指可信任之人）、顧問等，所有優秀的領導者，都是因為擁有優秀的追隨者。不過，只會遵從上司的指示完成工作，並不是追隨者該做的事。**對擁有年輕上司的「前輩下屬」來說，有個方法最適合讓自己成為上司的追隨者。**

美國卡內基梅隆大學（Carnegie Mellon University）的羅伯・凱利（Robert Kelly）教授，將追隨力的行為模式分為五大類（＊18）。這是根據貢獻力和批判力高低製成的矩陣圖所構成的分類（〔圖表3-6〕）。

提到追隨力，有些人想到的或許是對領導者從不違逆、只會完成工作的**從屬者**。不過，根據羅伯・凱利的說法，這類的追隨者反而會因為「過度順從而導致組織或自己往不利的方向前進」。

相反的，對領導者有幫助的，應該是不只有貢獻力，批判力也很高的追隨者。而且不是只會接受指令的**疏離型追隨者**，而是該說的話會確實說出口、堅持當領導者的忠貞夥伴。這才是對領導者及組織而言**高效能的追隨者**。

◉ 圖表3-6　追隨力的五大類型

「只會批評」或「只會順從」都不好

出處：Kelley, R. E. (1988). *In Praise of Followers*, Harvard Business Review, 66(6), 142-148. 圖表由筆者自行製成

領導者的身邊需要有「徹底反對的忠貞夥伴」

日本立教大學研究所的梅本龍夫特任教授，精準地用一句話來表現這種追隨力：**「徹底反對的忠貞夥伴」**（*19）。梅本教授是當年星巴克日本市場開發計畫的總負責人，對於星巴克內部所呈現的追隨力，他有最直接的體認。

大家都知道，星巴克的創辦人是霍華·舒茲（Howard Schultz）。不過，當初在創業期的時候，公司之所以能夠成功，一切都得歸功於當時的公司幹部霍華·畢哈（Howard Behar）。他儼然就是「徹底反對舒茲的忠貞夥伴」。

畢哈是個很單純的現場主義者，和具備領袖特質的舒茲是截然不同的類型。他好幾次提醒完全沉迷在咖啡世界裡的舒茲：「星巴克要賣的不是咖啡，而是『人』。」也就是說，他們的任務是提供顧客美好的體驗，而咖啡只是其中的手段而已。

除了承襲領導者舒茲的遠景之外，畢哈更積極地拓展視野。舒茲和畢哈這兩位霍華，一個作為領導者，一個作為追隨者，雙方彼此互相信任並切磋琢磨，最後才得以將這間原本只是西雅圖的小咖啡店，一躍成為揚名國際的大企業。

作為「前輩下屬」的人，都應該像畢哈一樣，**除了當領導者的忠貞夥伴之外，也應該積極提供更正面的想法，而不是只會單純地服從指令。**

運用「1on1」方式管理職場老手更有效

要達到上述的追隨力，保持定期溝通是絕對必要的條件。

但不是透過所謂的「以酒交流」的方式。重點應該要擺在完全以工作為中心的對話。這一點在前面的內容中已經提過（P150）。

不過，如果前輩下屬凡事都一一「報告、聯絡、商量」，也是挺煩的。實際上，從分析數據也可以看出這一點。

下頁〔圖表3-7〕是上司的管理行為對中高齡員工的自走力帶來的影響。

如同圖表所示，「對個人的課題下達明確指令」、「連小事情都一一提醒」等微觀管理（無微不至的細微管理）**的作法，對個人的自走力來說，反而會帶來負面效果。**

另外，因為是前輩，所以「對待方式和其他員工不同」的這種作法，事實上對當事人也沒有好處。絕對不要有特別待遇，一切都和大家一樣平等對待，同時給予某種程度的裁量權，「接受他用自己的方式做事」，這才是管理擁有豐富經驗的前輩下屬最基本的方法。

基於這一點，近來許多企業都紛紛導入所謂「1on1」的職場溝通法。

「1on1」就是一對一面談，而且沒有事先決定談話內容，包括工作上的小問題或討論、工作進度確認等。這種作法可以使上司和下屬之間的溝通變得更融洽，提高彼此的信任，因此近年來相當受到企業

◉ 圖表3-7　影響中高齡自走力的「上司的管理行為」

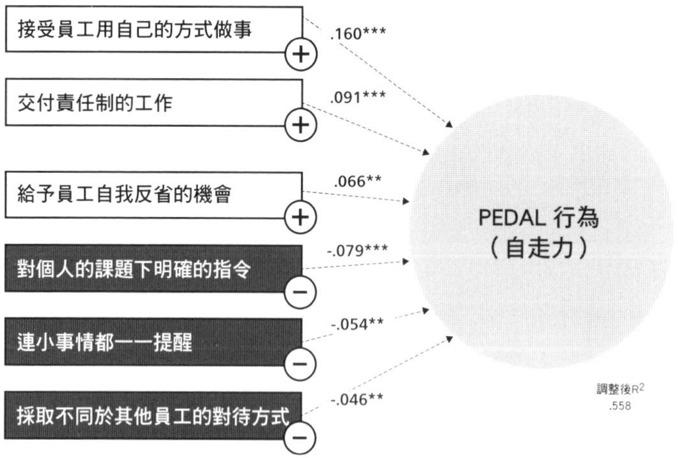

「細微管理」反而會帶來反效果！

註：控制年齡、轉職次數、年資等屬性的多元迴歸分析結果。***顯著水準1%，**顯著水準5%

出處：石山恒貴、PERSOL企管顧問公司（2017）中高齡上班族發展實情調查

的歡迎。

作為一個「前輩下屬」，務必要考慮採取這種「1on1」的作法。在大家面前當領導者的「忠貞夥伴」，至於個人的批評意見等，就留待和上司一對一面談時一一提出。這麼一來，就能把前述例子中山下和田上的磨練減少到最低。

「1on1」雖然大多作為企業的管理手法來實施，但其實也可以用非正式的方法來進行。一開始雙方可能會因為過於正式而在態度上有所防衛，不過等到習慣以後，自然會卸下心防輕鬆面對。

上司或許會有所顧慮，所以最好由身為前輩下屬的自己先主動開口，例如「我們以後要不要固定每個星期聊一下，時間就訂在星期一的早上十一點？」。或者是把這本書分享給上司，主動邀請對方一起嘗試「1on1」，也是個可行的方法。

REFLECTION

□如果站在上司的立場，身為追隨者的你，屬於「追隨力的五大類型」（P157）中的哪一類型？你覺得自己的追隨力還有哪些進步空間？

□在你目前的職場上，是否有主管因為「前輩下屬」的管理問題而感到苦惱？你認為該怎麼做，才能改善雙方的關係？

不靠喝酒聚餐，展現「自我風格」

優秀的人才都懂得「變速」的道理

上一節提到「作為前輩下屬應當具備的追隨力」。或許對各位來說會覺得很難，不過也有數據可以讓各位抱持希望。

下頁〔圖表3-8〕是針對具備「擅長和比自己年輕的人相處」行為特徵的人，聚

☜ 學習關鍵字

前輩下屬　交易型領導
自然式的領導　反思清單

焦在他們過去曾經有過的「經驗」上。究竟何種經驗有助於展現「擅長和比自己年輕的人相處」的行為特徵呢？

如同圖表所示，「曾經在比自己年輕的上司底下做事」的影響程度高居第二位。換言之，「作為前輩下屬的經驗」就是最好的機會，可以提升「和比自己年輕的人相處融洽」的能力。

不過，在預防職位與年齡顛倒帶來的摩擦方面，光是靠「前輩下屬」的行動是不夠的，**上司也必須做出讓步才行**。

關於這部分的方法，同樣也和中高齡息息相關。因為年過中高齡之後，「過去的前輩」變成自己部下的情況，

◉ 圖表3-8　影響「擅長和比自己年輕的人相處」行為特徵的「經驗」

排行	項目	影響度（β）
1	以取得資格證照為目標的學習經驗	.086
2	**曾經在比自己年輕的上司底下做事**	**.080**
3	參加研習講座（規劃第二職業）	.050
4	參與地區活動（家長會、地方活動等）	.047
5	參與公司外部的讀書會和交流會	.045

「作為前輩下屬的經驗」有助於克服年齡障礙

註：控制年齡、轉職次數、年資等屬性的多元迴歸分析結果。顯著水平皆為5%
出處：石山恒貴、PERSOL企管顧問公司（2017）中高齡上班族發展實情調查

這絕對不是什麼稀奇的事。如果懂得用正確的態度和「前輩下屬」相處，對於將來自己變成「前輩下屬」，肯定也會有幫助。

所以，在這裡讓我們先改變立場來思考，假設自己是擁有「前輩下屬」的主管，有哪些重點是值得注意的呢？

有人或許會說：「管他是前主管還是過去的前輩，下屬就是下屬。身為主管，沒有必要給對方什麼『特別待遇』，難道不是嗎？」換句話說就是「身為主管，理當保持一貫的領導方式，不應該因為下屬的身分改變領導方法」。

這種想法當然也有一定的道理，只不過，根據學術研究的角度，**領導力又分成幾種不同的類型。一位優秀的領導者，會因應不同的局面「切換」不一樣的領導方法**。這種領導方式就稱為**「情境領導」**（Situational Leadership）（＊20）。

「賞罰分明」的作法已不再適用

以領導類型來說，其中有一類是透過強制和報酬的方式來影響下屬的行為，像是

「總之你只要這麼做就對了」、「只要完成工作，你的考績就會漂亮」等。

下屬為了得到加薪、晉升或考績，通常會盡可能努力達成上司交代的任務和目標。這個時候，上司和下屬之間可以說就存在著某種「交易」，因此這種領導方式就稱為**「交易型領導」**（Transactional Leadership）（＊21）。

不過，這種「賞罰分明」的作法對於中高齡下屬是否有效，答案就相當另人懷疑了。

例如「升遷陷阱」（P39）和「退位的谷底」（P43）的結果，假設升遷和加薪等報酬最後失去功效呢？無論領導者給再多「糖果」，下屬也是無動於衷。

又例如在前述的例子中，山下因為前輩的一句「別顧慮那麼多，派工作給我就對了」，於是他真的照做，結果卻導致衝突發生。由此可知，光是「公平對待」並不能解決所有問題。

更別說「如果沒達成目標的話……」這種暗示「懲罰」的作法，對於有年齡歧視的人來說，可能會招來最糟糕的結果。

但是，交易型領導也並非完全無用。對於達成工作上的既定目標來說，獲得上司明確且公正的評價非常重要。有些下屬確實會因為這種交易關係而交出漂亮的業績。

只不過，至少對於中高齡期的下屬來說，只用這種「報酬交換」的方式，恐怕存在著風險。身為領導者，還是必須視對象隨時改變領導方法才行。

資歷深的下屬適合「自然式的領導」

在面對中高齡下屬時，最好的建議是**「真誠領導」**（Authentic Leadership）（＊22）。

「authentic」是個形容詞，意思是「真正的」、「真實的」，在這裡指坦白展現「我是個什麼樣的人」、「我的價值觀為何」等「真正自我」的領導方式。也可以叫做**「自我風格的領導」**，或是**「自然式的領導」**。

每個人當上領導者之後，多少都會覺得應該表現出領導者該有的作為。對於存在年齡歧視的日本企業來說，這種心態有時反而會讓情況變調。

即使被過去的前輩要求「別顧慮那麼多，快點派工作給我！」，但山下心裡想的或許是：

「（以前自己還是新人的時候，曾經受到田上先生的照顧。可是他現在是我的部下了，總不能還一直把他當前輩來對待，也得拿出一點「主管」的樣子才行……）」

於是，他替自己穿上「上司的盔甲」，努力不讓田上看見自己「晚輩的樣子」。無奈事與願違，他的樣子看在田上的眼裡，只是「逞強裝出一副主管的樣子」罷了。對於瞭解山下過去新人時期的田上來說，不讓人看見自己軟弱的一面、努力「扮演」強勢主管的山下，看起來恐怕格外彆扭。

因此，或許山下應該做的，是拋開「主管樣子」的面具，展現真正的自己。

「拋開年齡差距」不等於「單純地妥協」

「一旦職位的上下關係顛倒，就不能再讓對方看見自己的弱點。」這其實是一種迷思。

以山下的例子來說，如果維持跟過去一樣的方式面對田上，例如「雖然我現在在職位上是前輩的上司，不過還是有很多不懂的地方，還請前輩多多指教」、「關於這件事，其實我不太知道該怎麼做，可以跟你聊聊嗎？」。這麼一來情況或許會變得不一樣。

假如不想在大家面前表現出「晚輩的樣子」，利用前述提到的「1on1」的方式，也是方法之一。總結來說就是：

- **前輩下屬：徹底當個追隨者，別再死抱著過去前輩和晚輩的關係不放。給上司的建言要利用「1on1」的時候再提出，在大家面前要當個「忠貞的夥伴」。**
- **所屬上司：不勉強自己拋開過去前輩和晚輩的關係。利用「1on1」的方式和前輩下屬進行對話，在大家面前則當個「自然的領導者」。**

兩者乍看之下似乎矛盾，不過其實簡單來說，最好的「答案」就是「中庸」。雙方互退一步，才能找到彼此之間的平衡。

另一方面，**「和比自己年輕的人相處融洽」**或**「拋開年紀差距」**，並不等於「單

純無視年齡差距地平等對待」。

如果是外資企業文化強烈的職場，或許還能做到「無視年齡差距」。但是對於任職於典型日本企業的人來說，光是要他別在意年齡差距，並非最好的解決辦法。要想改變現況，就算麻煩，這種實實在在的方法絕對不可或缺。

反思清單是最好的自我揭露

前面提到，當擁有比自己年長的下屬時，最好採取自我揭露的領導方式，積極地展現「真正的自我」。

不過，光是簡單一句「展現自我」，想必大家也會疑惑究竟該怎麼做。在過去，「以酒交談」或許是領導者自我揭露的方法之一，不過這種方法到了現代，恐怕沒那麼簡單。

因此，在這裡要推薦給大家的方法，是利用P134~P135介紹過的反思清單。簡單來說，就是前輩下屬和上司互相「分享」自己的反思清單。各位如果想嘗試「1on1」

的方法，不妨可以從這裡開始著手。

在意個人隱私的人，可以拿掉「生活」部分的項目，只交換「職涯」的部分。

即便是長年在同一家公司任職的前輩和晚輩，意外地對彼此的事情也瞭解得不多。尤其是晚輩，通常很難有機會可以正確地瞭解前輩的職業生涯。透過分享反思清單，彼此在意的事情和技術能力，都能全部一目瞭然。例如：

「原來田上先生過去還是新人的時候，曾經待了七年的宣傳部！」

「三十歲就獲得社長獎，也太厲害了吧！」

「我剛進公司的時候，你的第一個小孩才剛出生呢！」

身為前輩的也是一樣，或許早已忘記晚輩過去一路走來的成長。

「啊～我想起來了！你一開始待的是法人業務部。」

「原來你擔任管理職已經五年了，應該早就得心應手了吧？」

「什麼？四十歲開始維持每個星期慢跑的習慣？太厲害了……」

像這樣透過這種方法，就能完整揭露真正（真實）的自己。或許還能意外發現前輩不為人知的長處也說不定。請各位務必要將反思清單運用到「1on1」上。

REFLECTION

☐在你工作的地方，是否也有拘泥於「主管樣子」的上司？相反的，是否也有即使當上主管，卻仍保持「原本自然」的人呢？兩者之間的「行為」有何差異？

☐你對於自己的上司或下屬的職涯瞭解多少？能否說出概略的經過呢？

CHAPTER 4

找到自我存在價值

[Associate]

現在開始你能做的事15

提供「能夠解決問題的人」，而不是「解決對策」

「怎麼感覺自己好像被大家排擠了？」

三十歲不到的新人小林，主動找同部門的大川請教問題。

大川是五十幾歲的中高齡員工，之前一直在其他部門擔任課長。後來因為卸下管理職，調到現在的部門。目前是部門裡最年長的職場老手。

☜ 學習關鍵字

存在感　社會資本　職場孤獨死

交換記憶　樞紐式的行動　知識中介者

「大川先生，不好意思，部長叫我準備要給A公司的提案資料。我記得你之前負責的B公司就是A公司的競爭對手，沒錯吧？如果方便的話，能不能跟你借當初的資料來參考呢？」

正如小林所言，大川過去是業務部的第一王牌，負責的正是業界規模最大的B公司。已經很久沒有受到年輕人請託了，大川當然不會排斥幫忙。

「啊～那件案子啊，那個時候……」

平時沉默寡言的大川，罕見地從當初的過程開始，一直到在企劃案競賽中勝出之前的辛苦和努力等，滔滔不絕地說著當年的往事。可是，眼前的小林卻一副欲言又止的樣子。

「啊！對了，你要資料對吧。在這裡，給你吧。」

大川覺得自己似乎有點過於話當年勇了。不過，看到接過資料的小林開心地向他道謝，自己內心也鬆了一口氣。

然而，後來小林一直沒再來請教大川任何事情。非但如此，最近大川甚至覺得自己在部門裡似乎變得毫無用處。

雖然眼前龐大的工作量讓他忙得不可開交，但若是問他是否覺得自己是部門裡不可或缺的一分子，他實在沒有自信回答。

員工自然而然會變得「孤立」

上一章「擅長和比自己年輕的人相處」的行為特徵，內容主要聚焦在「上司和下屬的關係」。除此之外，重要性同樣不可忽視的還有「和組織、部門、團隊內部的關係」。

尤其是在「同期文化」色彩濃厚的日本企業，年紀來到中高齡的人，通常自然而然會變得孤立。當同期之間「齊頭意識」明確的年輕時代結束，邁入四十歲之後，

「差距」便開始慢慢浮現。

有人順利升遷，有人還繼續停留在一般員工的角色；有人當上主管下屬，有人只是別人的下屬；有人不斷交出成績，有人表現愈來愈差——這些「差異」於是造成中高齡員工彼此之間變得愈來愈疏遠。

不僅如此，「橫向」的同輩關係愈是緊密，「縱向」的溝通能力就愈差，不過只是幾歲之差便無法溝通。結果導致中高齡漸漸變得孤立，和前例中的大川一樣，在職場上找不到自己存在的意義。

「存在感」決定了停滯感的嚴重程度

◉ 圖表4-1 在職場中是否感覺到「存在感」？

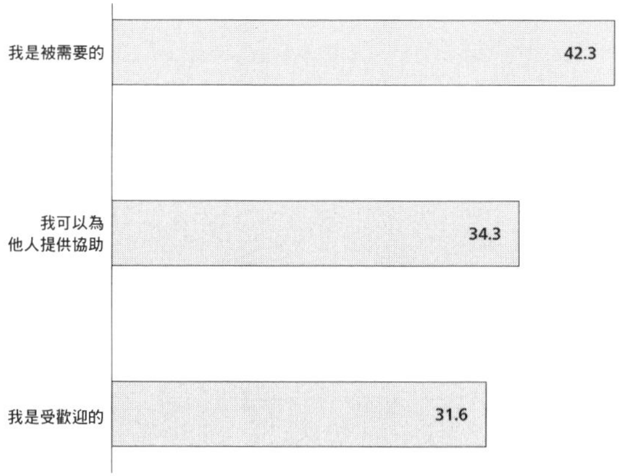

6～7成的中高齡員工感覺不到「存在感」？！

出處：石山恒貴、PERSOL企管顧問公司（2017）中高齡上班族發展實情調查

根據研究數據，中高齡員工幾乎很難「在團體中找到自我存在價值」。在這裡姑且就把這種感覺稱為**「存在感」**。

各位請看上頁〔圖表4-1〕。如同圖表所示，**大約有六至七成的人，在職場中感覺不到自己的「存在意義」**。

當然，有人會說：「就算感覺不到存在的意義，只要好好做好自己的工作就行了，不是嗎？」

但是，有一點各位千萬不要忽略，**存在感也會影響到一個人的工作表現**。

〔圖表4-2〕是以幾個不同項目作為標準（＊23），比較五大類型中高齡員工的存在感。果然，工作表現愈好的類

◉ 圖表4-2　五大類型中高齡員工的「存在感」比較

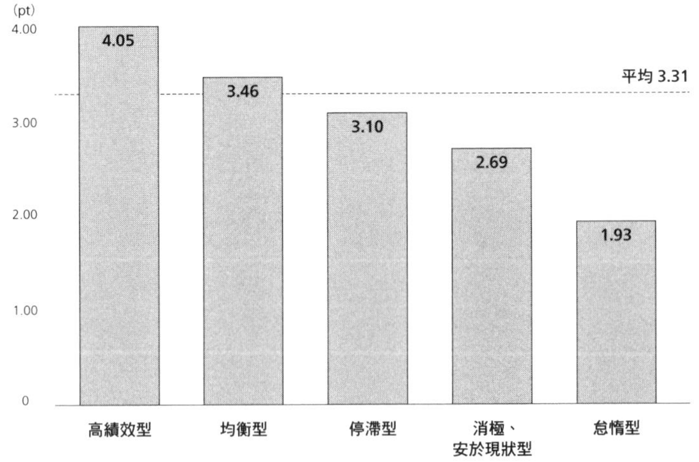

工作表現愈好，「存在感」愈高

出處：石山恒貴、PERSOL企管顧問公司（2017）中高齡上班族發展實情調查

型，存在感也比較高。相反的，工作表現最差的「怠惰型」，存在感僅僅只有「高績效型」一半不到的程度。

其他研究也發現，不只是「存在感」這種當事人主觀的感覺，人與人之間的關係（**「社會資本」**〔social capital〕），對升遷速度和工作年資等個人表現，也會產生影響（＊24）。

想激發員工個人的能力，為團隊和組織帶來好的結果，終究還是必須先強化企業內部的關係，想辦法提高員工的存在感才行。也就是提升自走力的PEDAL當中的第四個行動特徵——「找到自我存在價值」（Associate）。

在日本的傳統企業當中，當員工到了中高齡階段時，有時會失去社交關係，導致無法發揮最佳表現，變成所謂的「窗邊族」（譯註：指在職場上不受重用的員工），或者說得誇張一點就是**「職場孤獨死」**。

這對於企業來說也是一大損失。除此之外，空有知識和技術卻無法發揮，就這樣默默退休，對員工自己而言也十分可惜。

既然如此，中高齡員工該怎麼做，才能找到自己在職場上的「存在意義」呢？

只是「好相處」，無法讓自己免於「職場孤獨死」的命運

我再重申一遍，下班後大家一起去喝酒，或是在公司裡盡量找機會聊天等，光是做到這些，並無法提高中高齡員工的自走力。

雖說如此，但是這些行為並不會帶來負面效果，所以也沒有必要完全放棄不做。尤其是年輕一輩的員工，往往很容易對年長一輩的人敬而遠之，所以由年長者主動靠近輕鬆聊天，還是有意義的。

不過，光是靠這類的交流，能否提升員工的存在感，關於這一點，我們還是不得不抱持懷疑的態度。

中高齡員工五大類型中「消極、安於現狀型」，唯獨在許多人不擅長的「和比自己年輕的人相處融洽」這一項的分數特別高。這類型的人，很多都是沒有職位，或是沒有部下的管理職。

關於這類型的人，大家不妨可以想像成表面上並不活躍，但是在公司內部活動等其他場合中，卻是不容忽視的存在的職場老手。

「消極、安於現狀型」的人，乍看之下顯少和身邊的人發生摩擦，尤其和年輕一輩相處更是融洽。不過，在其他行為特質方面分數卻不高，工作表現也普遍不好。

更令人玩味的一點是關於「無所事事感」的數據（〈圖表4-3〉）。

如同圖表所示，比起其他類型的人，「消極、安於現狀型」的比例特別高（47.8%），由此可知，這類型的人多少都覺得自己在公司裡「無所事事」。

光是靠交流，無法找到自己在職場上的存在意義，說不定反而會更不知道如何在團體中生存。

◉ 圖表4-3　五大類型中高齡員工的「無所事事感」比較

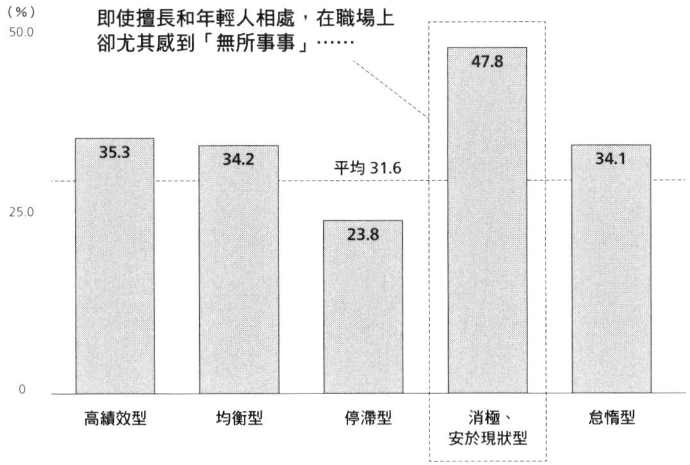

光是「好相處」，無法幫自己找到「存在意義」

出處：石山恒貴、PERSOL企管顧問公司（2017）中高齡上班族發展實情調查

「瞭解他人」的最大優勢——交換記憶

即便「和任何人都能不分彼此地相處」非常重要，存在感仍然需要靠其他行動才有辦法建立。這是為什麼呢？

有存在感的人，行為上有哪些特徵呢？PEDAL中的第四項「找到自我存在價值」（Associate），主要包括以下三種行為：

- **積極與各部門建立溝通**
- **盡量和更多不同的人建立關係**
- **積極地激發身邊不同的意見和主張**

值得注意的是，不單是要做到「強化人際關係」，更要「積極地激發身邊不同的意見和主張」。換言之，有存在感的人會重視每個人脈擁有的想法、經驗和知識，也就是會做出**樞紐式的行動**。

事實上，社會資歷深的人，通常都具備一項優勢，就是清楚「誰擁有何種知識和技術」。從這一點來看，採取樞紐式的行動有助於中高齡找到存在感，其實也不無道理。

知道**「誰知道什麼」**（Who knows What），稱為**「交換記憶」**（Transactive Memory）。這個概念一開始是由社會心理學家丹尼爾・韋格納（Daniel Wegner）所提出，後來研究發現，以經營學的角度來說，交換記憶對於組織表現也扮演相當重要的角色（＊25）。

讓自己從「建立關係」變成「結合網絡」的角色

如果可以提供自己的知識和技術，讓自己和團隊「建立關係」，是很棒的一件事。

但是除此之外，**假使可以扮演「結合」公司擁有的「資產」和眼前「問題」的角色，就能建立一個全新的網絡**。一旦可以讓自己成為情報交換的樞紐，自然能提高自己的「存在感」。

就以本章一開始提到的大川的例子來說明吧。

小林一開始的請求是「希望借B公司的案子來看」。這個時候，身為過去部門菁英的大川應該做的，是在提起「當年勇」之前，先交出對方想要的資料。很明顯的，這是一開始很容易做錯的一點。

但是，這時候如果只是直接把資料給對方，兩人之間的連結或許只會就此結束。那麼，假設大川在這個時候提供小林以下的情報呢？

「如果要向A公司提案，建議你可以去請教法人業務部的中田小姐。她以前負責過C公司的案子，以業務內容來看，A公司的性質反而和C公司比較相近，所以我想中田小姐的資料，肯定可以作為你的參考。」

大川的這番建議，說不定會讓事情出現極大轉變。因為他的這番話，小林不僅獲得預料之外的情報，和中田之間也建立起新的連結。接下來他肯定還會想繼續請教大川，就連聽聞這件事的其他晚輩，說不定也會開始紛紛向大川請教。這就叫做樞紐式的行動。

公司期待的是「能夠扮演樞紐角色的人」

我把這種在某個擁有知識或情報的人與其他適當的人之間扮演連結角色的人，稱之為**「知識中介者」**（knowledge broker）（＊26）。

將組織中深藏的知識和情報仲介給其他人的知識中介者，對於強化組織內部各種網絡而言，是相當重要的存在。這也是中高齡員工應該具備的角色。

日後假使各位受人請教，或是面對需要解決的問題時，除了傳授具體的解決方法以外，**不妨也可以把「誰擁有何種情報」的訊息提供給對方**。如此一來就能建立超越單純交流的堅固網絡。

從公司的角度來說，也非常期待中高齡員工能夠扮演這樣的角色。

各位請看下頁〔圖表4-4〕（＊27）。這是一份針對企業人事主管所做的「期待40～59歲非管理職員工扮演的角色」調查中，擷取其中相當於樞紐式的行動所做成的圖表。

各位可以看到，有六成以上的人事主管，期待40～59歲非管理職員工能夠「和組織裡各部門成員之間建立信賴關係，為身邊帶來影響」。另外期待能夠「在公司外部相關人員之間扮演適當的溝通橋梁，建立人際網絡，並維持、擴大網絡的運作功能」，也有四成左右的數字。

然而，能夠真正成功扮演這種角色的人，卻僅僅只有兩成左右。

換個角度來說，這也意味著對組織而言，能夠做到這一點的中高齡員工，可說是相當難得的人才。因此請各位務必切記，知識中介者的行為不僅對自己有利，同時也是符合公司期待的作為。

◉ 圖表4-4　公司對於「40～59歲非管理職員工」所期待的樞紐式行動

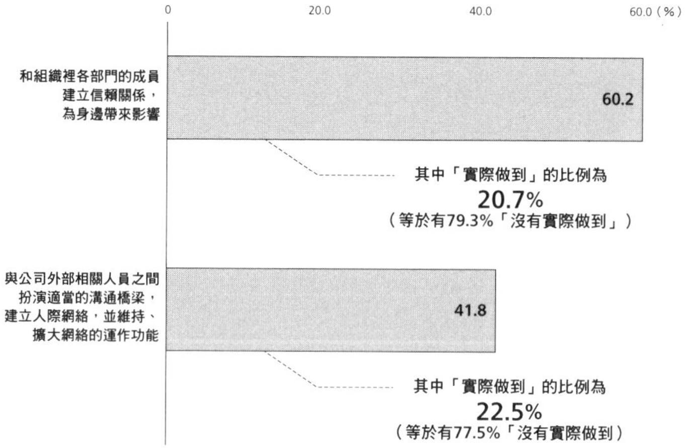

你是否符合「扮演知識中介者」的期待呢？

出處：勞務行政研究所（2016）「40～59歲員工的課題與角色」調查，圖表由筆者自行製成

REFLECTION

□是否覺得自己「在公司裡找不到存在價值」？回想一下什麼時候這種感覺會特別深刻？

□請舉出一個自己曾經擔任「樞紐角色」的具體例子。當初這麼做的原因為何？

扮演好「傾訴對象」的角色，當個「善於接受請教的人」

如果沒有人來請教的話……

中高齡要想在職場上持續保持存在感，關鍵就在於扮演知識中介者的角色。只不過，應該很多人都有類似以下的經驗：

☜學習關鍵字
知識中介者　接受請教的方式
傾聽　傾訴

「就算我想當情報樞紐，可是卻沒有人要來找我請教……」
「即便有人來請教，我也沒有人脈可以介紹……」

情報樞紐要能發揮作用，必須做到適當的情報交換。但是，如果一開始就沒有人來請教，當然也就沒有機會分享「Who knows What」，如此一來也當不成知識中介者。

另一種情況是，就算有人來請教，但是萬一自己對於公司裡誰擅長什麼一無所知，自然不會知道該「引介」對方去找誰尋求答案。

要避免這些情況，必須做到以下兩件事：

① 磨練「被請教時的技巧」
② 主動加入「請教圈」

五種錯誤的「接受請教的方式」

接下來就針對這兩點一一介紹方法。

首先，針對「磨練『被請教時的技巧』」，必須先提醒各位的一點是，「沒人來請教的人」，或許問題是出在「其他」方面。

一般來說，在工作上遇到問題，大多數的人都會先請教身邊的人。中高齡員工就是**透過每天的交流，瞭解「什麼事找誰可以獲得有用的情報」**。

假設是這樣的話，擁有豐富經驗和資歷、卻一直被排除在**請教對象**之外的人，很可能是因為在一些簡單問題的回答上，或是在應答一些簡單的請教上，屢屢「失敗」。

雖然受他人信賴，卻因為「接受請教的方式」過於拙劣，導致大家在遇到更重要的問題時，漸漸不再上門請教，到最後自己被排除在情報交換的「網絡」之外。如此一來就真的可能會走上「職場孤獨死」的命運。

要避免這種情況，必須先從改變平時接受請教、問題和請託時的方法做起。以下列舉出幾個最容易犯的「接受請教的錯誤方式」，提供各位作為自我反思的依據。

● 「所以你的建議到底是什麼？」類型——根本無法提供對方解答

Q「請問出差申請單的這一欄要怎麼寫？」

A「啊，那個啊，我也一直搞不清楚。真搞不懂公司的總務為什麼不把表格寫得清楚一點。話再說回來，你不覺得出差還要申請，根本是浪費時間嗎？」

這只是一般的「問題」，連「請教」都算不上，就直接告訴對方「答案」就好。不知道答案也只要告訴對方「對不起，我也不知道，請你去問〇〇」就行了。

● 「順帶一提」類型——牽扯到其他不相關的事情

Q「請問和〇〇的合約正本放在哪裡？」

A「〇〇嗎？在第三個抽屜裡。那家公司做事很仔細唷，我以前負責他們案子的時候，每次提交書面資料時，法務部也是一直嫌東嫌西的……真是敗給他們了……」

這類型的人會在「回答」之後，開始閒聊一些不相干的話題。提出問題的人內心可能會覺得「又被纏住了……」吧？動不動就開始吹牛的「不知不覺說起當年勇類型」，或者是說到一半就開始拿不相關的事罵起人的「一回神才發現是說教類型」等，都是最讓人敬而遠之的類型。

●「我才是對的」類型——強迫對方接受自己基於經驗做出的意見

Q「這個廣告設計，A和B你喜歡哪一個？」

A「我選A。B這種冷色系的設計，東西根本賣不出去。如果不想失敗的話，選A準沒錯。」

對方問的是「喜歡哪一個？」，目的只是想聽聽你的意見。這種時候，如果根據自己的經驗強迫對方接受「正確答案」，對年輕人來說只會覺得很困擾。

●「你自己去想」類型——其實只是懶得回答

Q「下個禮拜的接待，你覺得去哪家餐廳比較好？」

A「負責人是你，你要自己決定啊！」

對方想聽到的並不一定是「明確答案」，所以最好可以提供意見，例如「和食應該不錯」或「業務部的佐藤知道很多不錯的餐廳唷」，而不是冷漠地把問題丟回給對方。

●「誤會狀況而介紹錯人」類型——搞錯狀況就隨便引介

Q「你以前是負責C公司的案子對吧？其實下個月開始我要負責D公司的案子，競爭對手就是C公司……」

A「喔！負責C公司的案子嗎？他們的案子不輕鬆喔。擔任窗口的田中先生人不錯，我先幫你約他一起吃個飯吧？」

問題只聽到一半，誤以為對方負責的是C公司的案子。誤解之下提供的建議，只會讓對方覺得浪費時間來請教。這種類型和「順帶一提」類型的結合，可以說是最糟糕的。最好還是把話聽完，搞清楚對方究竟想請教什麼。

「善於接受請教」的人會做的兩件事

看完以上的錯誤示範，各位是否也覺得自己符合其中的類型呢？

為了讓大家更容易理解，這些例子或許誇張了點。不過各位在工作忙碌的時候，可能多少也會不小心做出這樣的回答。

要避免這種情況，可以謹記以下兩點：

① 分辨對方的問題是否為「請教」

② 傳授解決問題的「材料」

舉例來說，「請問○○放在哪裡？」「請問上一次的開會內容是什麼？」這些很明顯只是單純的問題，就不需要分享自己的經驗和意見，只要盡可能地直接回答問題就行了。

應答的重點在於回答的速度。假使是當面被問，當場就簡潔明瞭地回答；如果是以電郵提問，則以簡短的方式回覆。養成這種習慣之後，自然會在請教對象中擁有較高的評價。

另一方面，如果是「該怎麼做才好？」「你覺得如何？」的問題，即便對方看似要求答案，也千萬不要直接給答案。尤其對方如果是年輕人，像是「這麼做比較好」之類的答案，聽在對方耳裡，都會覺得是在「強迫接受」。

這種時候，不妨想想**自己能不能提供材料，讓對方找到「自己的答案」**，而不是直接告訴對方答案。

舉例來說，如果被問到「你覺得這個企劃案如何？」，可以回答對方「以前我經手提過類似的企劃案，當時部長建議我……」。如此一來，對方便知道應該在提出企劃前做到哪些該做的事。

另外，像是「關於這方面的企劃案，你可以去請教坂口先生」這種提供「Who knows What」情報的方式，也是很好的方法之一。這也可以說是提供材料，讓對方自己去找答案的一種作法。

其實對方並沒有想要得到「答案」——傾訴與反問

最後一點要隨時謹記在心的是，請教的一方其實也沒有期待你「馬上給答案」。說不定對方自己早有假設，只不過是為了說服自己，所以才來請教。就像網球選手透過對著牆壁打球來確認自己的姿勢一樣。這時候對方希望得到的，其實是**傾聽**。

如果覺得「對方好像已經有『自己的答案』了」，這時候不妨只要盡力做到以下三件事，徹底當個「傾訴對象」就行了。

- **附和——「嗯」「這樣啊」「不錯欸」**
- **重複對方的話——「我想把目標擺在A市場」「A市場嗎？」**
- **換句話說——「而且比起去年成長了140%呢」「哇！將近1.5倍耶」**

再更進階一點的技巧則是**反問**。

例如，對方如果問「你覺得這個企劃如何？」，你可以反問對方「這個企劃是要給誰看的？」「你覺得這個企劃的差異點在哪裡？」。

對方在回答這些問題的過程中，也等於是在整理自己的想法。要切記，用「提問」回應「請教」，而不是「答案」。

REFLECTION

□在同一個職場上，「大家最常請教的人」是誰？在接受請教的時候，他會怎麼回應？多留意他附和的「頻率」和「常用的說詞」。

□最近有人找你請教問題嗎？試著站在對方的角度，在腦海裡重現當時的情況。

揭露自己「弱點」，提高周遭的「心理安全感」

「大家都不來請教的人」通常也不擅長「主動請教他人」

上一節提到，中高齡員工為了確保自己在晚輩的請教對象中佔有地位，除了要「①磨練被請教時的技巧」以外，還要做到「②主動加入請教圈」。

關於「接受請教的方式」，在前一節也已經做了詳細說明。接下來我想針對「提

☜ 學習關鍵字

知識中介者　請教的方式　交換記憶

不合理的調動　心理安全感　社交焦慮　自我揭露

出請教的方法」進一步探討。

很多人應該都有以下的困擾：

「自己在公司內外幾乎都沒有人脈，所以就算有人來請教問題，也不知道該『引介』給誰……」

這種「職場繭居族」，並非缺乏和任何人都能打成一片的社交手腕，而是自己平時就從不主動請教他人，所以當有人來請教時，也不知如何應對。簡單來說，就是「不懂得接受請教的人，通常也不知道如何請教他人」。

中高齡員工如果想成為職場裡的知識中介者，必須自己也主動請教他人，加入請教的網絡中。

透過這種「交易」的經驗累積，一步步增加自己的「交換記憶」（P183），例如「誰擅長做什麼？誰有什麼問題？誰想做什麼？」等。換言之，**成為「被請教的人」的最大秘訣，就是當個「懂得請教他人的人」**。

經歷過「不合理的調動」之後，會變得不擅於請教他人

怎麼做才能成為「懂得請教他人的人」呢？平時不擅長主動請教的人，應該大多有以下的困擾：

① 「不知道」要找誰請教

② 原本個性就「不好意思」開口向人請教

針對影響PEDAL中的第四項「找到自我存在價值」的因素進行分析後發現，會造成負面影響的「經驗」只有一個。

那就是「轉調到無法發揮專長的工作」。

當然，「能否發揮專長」或「工作調動是否合理」都跟當事人的感覺有關，或許很難一概而論。我們可以在這樣的大前提下，針對例如一直以來都是跑外務的業務員，突然被調到會計部；或是原本一整天面對電腦的工程師，突然被調到宣傳部等情況來思考。

實際上，不同於新進員工，累積了某種程度的資歷後才面臨工作調動的人，很容易會產生一種心態是「總覺得很難開口向人請教」，導致和周遭的交流愈變愈少。在這種狀態下學習新的工作，將無法累積「請教的經驗」，到最後變得不知道該找誰請教。

但是，透過工作調動接觸全新的工作，原本應該是個大好機會，讓自己變得「更容易向身邊的人請教」。

面對新的工作，每個人一開始當然什麼都不知道，所以這時候千萬別故作瞭解，大可積極地表現出自己的「弱點」，主動向人請教。

「向人尋求意見」是最划算的行為

如果「不知道要找誰請教」，建議可以把「請教」當成是一種擁有多種目的的多層次行為，而非只是「為了解決問題」。

舉例來說，主動請教他人可以給人積極的印象。**沒有人不喜歡受人信賴**，尤其如果被問到的是自己擅長的領域，會更讓人開心。

除此之外，也可以藉由請教他人來瞭解「對方的專長是什麼領域？擅長做什麼？」。這些知識總有一天可以派上用場，當其他人來向你請教的時候，就能為對方做引介。換言之，**對增加「引介」的材料來說，請教他人是非常有幫助的行為**。

不僅如此，透過請教他人，也可以讓對方知道「你的問題意識」和「工作內容」。如此一來，當其他人向他求助的時候，說不定就能為你做引介。簡單來說，**請教他人也是一種「自我表現」**。

強調「安全第一」的NASA為何無視風險的存在？

「不知道該找誰請教，也不懂如何請教他人的人」，說不定其實只是少數。多數中高齡的人之所以「無法向人請教」，原因其實出乎意料地簡單，就是覺得這麼做有損尊嚴。簡單來說就是「不好意思」開口請教。

一旦成為職場老手，大家自然而然會認為你應該對工作有基本的瞭解。

對這種「氛圍」有敏銳察覺的人，隨著年紀愈大，會愈難開口向公司的人請教問題。用最簡單的方式來說，就是會擔心「如果問這種問題，對方會不會覺得我連這麼簡單的事都不知道？」「請教別人這種小事，會不會被看不起呢？」。

針對這一點，我想請各位進一步思考的是哈佛商學院的艾美．艾德蒙森（Amy C. Edmondson）教授曾經提到的關於NASA的故事（＊28）。她表示，這種情況絕非特殊，在任何一家企業都可能發生。

在過去，美國NASA的辦公室和工廠裡，四處都張貼著一張海報，上頭寫著：「一旦對安全有疑慮，馬上提出。」因為對於從事各項攸關人命計畫的NASA而言，當然得徹底排除危害安全的因素。

過去NASA曾經發生過「哥倫比亞號」太空梭的隔熱材料從燃料箱脫落，直接擊中太空梭左翼的意外。後來有位工程師對此感到擔憂，於是向直屬上司和同事提出「應該詳細檢查太空梭狀況」的要求。也就是「因為對安全有疑慮，所以提出意見」。

只不過很遺憾的是，他的建議並未被接受。更讓人不可置信的是，提案被駁回的工程師，竟然就此放棄，沒有繼續向更高階層的長官提出擔憂。

結果就在八天之後，哥倫比亞號在重返大氣層時爆炸了。張貼「一旦對安全有疑慮，馬上提出」標語、強調安全的NASA，為什麼會發生這種事故呢？

這種時候人才會主動「開口請教」——心理安全感

後來發現，原因在於當時的NASA存在著一種「不得越級提出意見」的組織文化。

根據艾德蒙森的說法，當發生問題或失誤時，能否做到立即報告，其實和員工擁有多少**心理安全感**（Psychological Safety）有關。就算透過海報等方式不斷強調「馬上提出」的重要性，但是在員工缺乏心理安全感的NASA，這種標語根本發揮不了作用。

艾德蒙森提出了四種會影響心理安全感的**社交焦慮**症狀（＊29）：

① 擔心被視為無知（ignorant）

② 擔心被視為無能（incompetent）

③ 擔心被視為負面消極（negative）

④ 擔心被視為礙事（intrusive）

當時NASA的氛圍，恐怕就是來自這四種社交焦慮。正因為這些焦慮，組織裡的成員才會缺乏心理安全感。

能夠展現「自我不足」的人和組織，才有辦法變「強大」

說到心理安全感，一般大概都是針對上司和下屬的關係。也就是說，**為了確保團體成員的心理安全感，上司除了要積極地自我揭露以外，還必須展現自己不足的地方**。事實上，心理安全感還會帶來以下幾個好處（＊30）：

① 鼓勵員工說實話

② 使員工的思緒變清晰

③ 鼓勵有意義的意見對立

④ **減少失敗發生**（只不過，擁有心理安全感的組織通常一有失誤就會立即報告，因此在統計上失誤次數會比較多）

⑤ **鼓勵創新**

⑥ **在追求目標的過程中阻礙變少**（因為大家彼此信賴和尊敬，所以合作順利）

⑦ **員工變得更有責任感**

這也可以說**推翻了「擔任領導者／管理職的人必須強勢」的偏見**。

關於這一點，有個知名的例子是發生在Google的故事（＊31）。有一位Google的中階主管，對自己底下的團隊隱瞞了一件事。事實上，他是個癌症第四期的患者，每天除了工作以外，還得接受治療。

他並沒有打算要把這件事告知團隊，只不過，在Google採取的「亞里斯多德計畫」（Project Aristotle）當中，針對該團隊進行分析，發現代表團隊文化的數據並不理想。

於是某一天，他鼓起勇氣，把自己生病的事告訴大家。因為他希望建立一個「大家可以彼此信任、無話不說的團隊」。

後來，據說該團隊的文化有了改善。這應該是該名中階主管公開讓大家知道自己的某種「弱點」，積極地自我揭露的方法奏效的緣故吧。另一個關鍵的原因則是，團隊成員們大家也都瞭解「只要身為團隊的一分子，都不需要裝出『工作的一面』、刻意和大家保持距離。大可讓大家看見自己包含『弱點』在內的『人生的一面』」。

「開口請教」是找到「自我存在價值」最有效的方法

之所以提到這個話題，是因為關於心理安全感和社交焦慮，如果從「加入請教網絡」的觀點來看，對中高齡世代也能提供非常大的幫助。

各位是否會覺得「最近的年輕人幾乎不會開口向人請教」呢?**之所以沒有人來向你請教，或許是因為大家對你缺乏心理安全感的緣故**。

「如果向〇〇問問題，說不定會被視為無知……」

「如果有事請教〇〇，說不定會被罵怎麼連這個也不會……」

一旦給人這種焦慮，大家當然不會來找你請教問題。想改變這種情況，唯一的辦法只有自己先改變。

另外，要做到積極地自我揭露、公開自己的「弱點」，最有用的方法就是「自己主動先開口請教」。各位可以回想一下前面提到的「沒有比開始請教他人更划得來的行為」的內容，勇敢地主動向身邊的人開口請教吧。

最後要跟大家分享的，是艾德蒙森提到的「有效提升周遭人心理安全感的行為」當中的一部分內容（＊32）：

① 瞭解自己現在擁有的知識有限

② 強調失敗是學習的機會

③ 積極展現自己也經常犯錯

④ 鼓勵大家融入團隊，自己也主動融入

⑤ 當一個可以輕鬆聊天、容易親近的人

這些原本是針對領導者提出的建議行為，不過以上幾點對中高齡員工也很有幫助，所以在這裡提出來，請大家務必參考。

REFLECTION

□在你的職場中，「大家最常請教的人」是誰？在提高心理安全感的行為當中，你認為他做到幾項？

□在比你年長的同事當中，有沒有人會公開自己的「弱點」？這麼做給他帶來什麼好處？

CHAPTER 5

善用所學

[Learn]

現在開始你能做的事18

「知道」之後，還要做到「實踐」

學習關鍵字
學習的浪漫主義者　遷移學習模式
情境式學習　經驗學習圈　反思

四十歲之後，在職場上可以學到的愈來愈少

前面內容介紹了找回自走力、擺脫「中高齡憂鬱」的五個行為特徵。最後在這一章，我們要針對其中的最後一項「善用所學」（Learn）來探討。

上班族都是透過各種學習來提升工作所需的技能，但是，一旦四十歲之後，就幾

乎不再需要為了完成工作學習新的技能了。所以一般人在邁入中高齡期之後，很容易就會放棄學習。

如同第一章的內容所言（P80），這種過度適應（熟悉環境的結果，導致對學習機會失去自覺）所帶來的後果，就是失去「先做再說」（Proactive）的行為特徵。

看到這裡，各位可能會認為，我的意思是要大家即使邁入中高齡，也要繼續學習新事物。

的確，透過全新的輸入持續提升自我知識與技能，對任何人來說都很重要。這一點就算不特地透過客觀分析說明，我想多數人應該也都明白。

所以，在這裡我就不再重複**「不管幾歲都要保持學習」這種大家都清楚的道理**了。

針對「善用所學」（Learn），我想跟各位分享的其實不太一樣。

「認真」卻始終不見成效的人

各位當中或許也有以下這種人：

「經常閱讀，包括網路上的情報。」
「參加各種講座、研習和讀書會。」
「邊工作邊念研究所，最後取得MBA學位。」

從這些學習當中，各位得到了多少成效呢？同樣的學習，有些人可以在工作上發揮相乘效果，卻也有人無法運用在工作上，工作和學習呈現「分離」。

我們過去做過一項關於「企業外的學習」的共同研究，將這種「學習和實務分離」的人稱之為**「學習的浪漫主義者」**（＊33）。

為什麼會出現這種無法將努力學習的東西運用在工作上的人，也就是所謂的學習的浪漫主義者呢？這類型的人，通常都熱中於學習，會參加各種讀書會和研習。換言之，他們擁有非常強烈的「學習欲望」。只不過，這類型的人通常**只滿足於學習本身，對於反思所學並進一步運用到其他事物上，絲毫不感興趣**。所以才會導致努力學習最後變成「白費力氣」。

除了企業外的學習以外，就連參加公司內部的研習也是同樣的態度。（圖表

5-1〕表現的是三種不同類型的中高齡員工參與研習和職涯諮商的情況。

請各位先看最右側的「（過去十年內）從來不參與研習」項目。可以發現，工作表現愈差的類型，通常都不會參加研習活動。甚至從「怠惰型」的數據可以知道，實際上有將近八成的人，過去十年內完全沒有任何學習機會。

只不過，光靠這個數據，我們並無法妄下結論地說「工作表現差的人，學習欲望也很低」。因為其中還有另一個因素是，工作表現好的人，參與研習活動的機會也比較多。事實上，以圖表左側的「領導能力」和

◉ 圖表5-1　過去十年內參與過的研習活動（針對三大類型做比較）

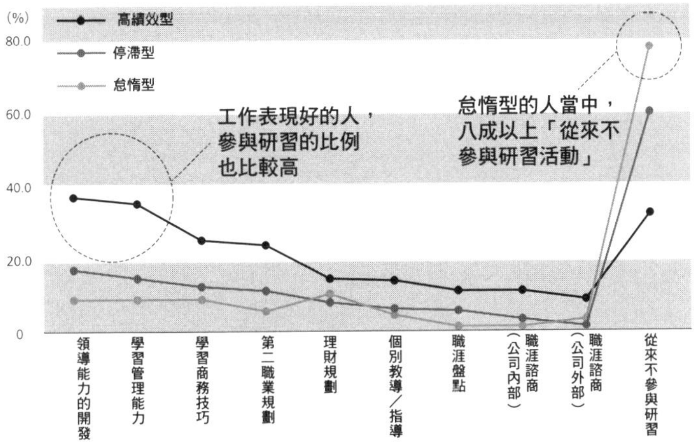

「工作表現好的類型」，「學習機會」也愈多

出處：石山恒貴、PERSOL企管顧問公司（2017）中高齡上班族發展實情調查

「管理能力」的研習活動來說，愈活躍的人，參與率也愈高。

「參與研習活動沒有幫助的人」的共通點

接下來要請各位看的，是參加研習活動或職涯諮商「是否有幫助」的問卷結果。請看〔圖表5-2〕。

在這裡也可以發現類似的結果，尤其請看最右側的「都沒有幫助」一欄。受訪者中，竟有八成以上的人（84.2%）認為「研習活動對自己沒有幫助」。在其他項目的數字也都非常低。

◉ 圖表5-2　過去十年內參與過的研習活動所帶來的幫助（針對三大類型做比較）

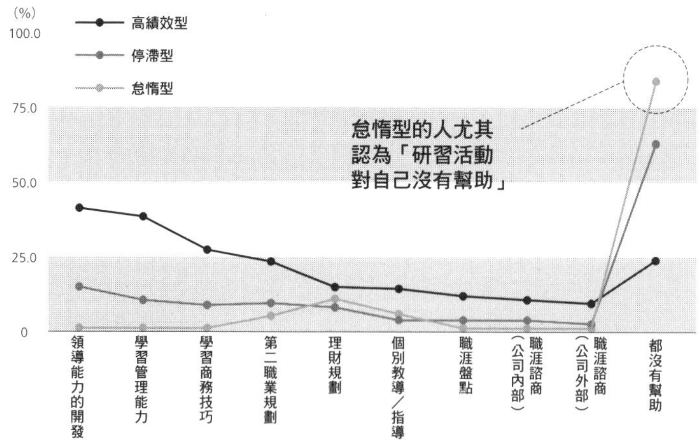

能否善用「學習機會」，一切全看自己的態度？！

出處：石山恒貴、PERSOL企管顧問公司（2017）中高齡上班族發展實情調查

相反的，在「高績效型」的人當中，可以從研習活動和職涯諮商中找到意義的比例相當高。

從這裡可以推論，在討論是否有學習機會之前，**或許當事人的學習態度，才是影響學習助益的主要因素**。就算有學習機會，如果自己沒有意願從中獲得學習，並且運用所學為自己帶來幫助，學習效果當然會變差。

「參加研習只是浪費時間而已，只是因為公司叫我參加，不得已之下我才參加……」的人，和「雖然工作忙不完，但既然要參加研習，就一定要有收穫才行！」的人，兩者之間隨著參加的研習活動愈多，差距會愈來愈大。換言之，透過回顧研習內容、從中找到意義和價值的態度，才是影響學習效果的因素。

「理論和實務」並非二選一的問題

關於讀書會和講座、研習會、研究所等職場以外的學習，也有一些從根本上的批評聲浪。這些批評的背後是出於**認為「理論性的學習」沒有幫助**，也就是呼應了**「工作上的學習必須靠『經驗』方能取得」的觀念**（其實近來主動學習等各種全新的學習方法已普遍盛行，無論是研習會或是研究所等，將這些歸類於理論的這種觀念本身，早已與時代不符……）。

在企業人才培育的相關研究上，也經常拿「理論」和「實務」作為對比。

學校傳統的授課，或者是某些理論性的企業研習等，像這種將知識和技能「輸入」大腦之類的學習方法，稱之為**「遷移學習模式」**（Transfer Learning）。這種學習方法的出發點，在於認為學習的本質就是將隨時隨地皆可運用的知識和技能輸入大腦，與組織或職場各自的環境因素無關。

不同於這種觀念，另一派的想法認為，真正有用的學習，必須來自具體經驗，或是從平時的狀況中想辦法獲得。這種方法稱為**「情境式學習」**（Situated Learning）（＊34）。那些不相信透過研習和書籍可以獲得學習的人，對這種學習方法應該比較有共鳴。

至於哪一種方法比較好，答案其實不能一概而論。實際上，研究發現以**學習機制來說，兩者都不可或缺**。

舉例來說，在學習基本知識和技能的時候，反覆練習式的遷移學習，效果比較好。不過另一方面，專業知識和隱藏性的技能等，如果只是透過遷移學習，恐怕效果有限。簡而言之就是，以實務上來說，很多事情都是「必須實際做過才有辦法掌握訣竅」。

根據我自己過去的實務經驗，透過具體狀況去瞭解、學習第一線工作的潛規則，是提升專業度的決定性因素。到頭來不可否認的是，員工在成長的過程中，最重要的還是透過情境式學習獲得的經驗。

擁有相同經驗，成長卻大不同？——經驗學習圈

是不是只要有「經驗」，任何人都能有所成長呢？其實並不是這麼一回事。

「論實務上的專業知識，沒有人比我更有經驗。」
「負責過各項業務，經驗相當豐富。」
「擁有許多大型企劃的成功經驗。」

即便像這樣擁有豐富經驗，還是有很多人會遭遇「瓶頸」。假設是這樣，成長的

關鍵究竟是什麼呢？PEDAL當中的第五項行為特性「善用所學」（Learn），包含了以下幾個行為：

- **分析經驗**
- **掌握做事技巧以充分運用**
- **轉換成自己的知識**

以上簡單用一句話來說，就是有沒有做到**「反思」**（Reflection）。

不同於新人，中高齡員工的「經驗」豐富。**善用這些經驗，轉換成可運用在下一回工作上的知識**，這才是中高齡員工的學習重點。PEDAL的第五項行為之所以不叫做「學習」，而是「善用所學」，也是這個原因。

但是光是瞭解這一點，恐怕還是很難激發具體的行動。實際上到底該怎麼做，才能將「經驗」轉換成學習呢？

在這裡要介紹大家一種叫做**「經驗學習」**的方法（〔圖表5-3〕）。經驗學習最廣為人知的基本方法，就是大衛·庫伯（David Kolb）提出的四大階段（＊35）。

如同前述，若是要論過去累積的**「具體經驗」**（Concrete Experience），中高齡員工絕對不比其他人遜色。有些人甚至經歷過好幾個不同部門的工作，或是參與過新市場的開發，或者轉換過不同跑道等。

因此，多數人最常發生的失敗，應該是在**「反思觀察」**（Reflective Observation）的階段。只要能夠回過頭去反思經驗，學習的速度一定可以大幅提升。

接下來更重要的是透過反思，將所學「抽象概念化」（Abstract Conceptualization）的階段。換句話說，就是必須跳脫當下的具體狀況，將經驗

◉ 圖表5-3　經驗學習的四個階段

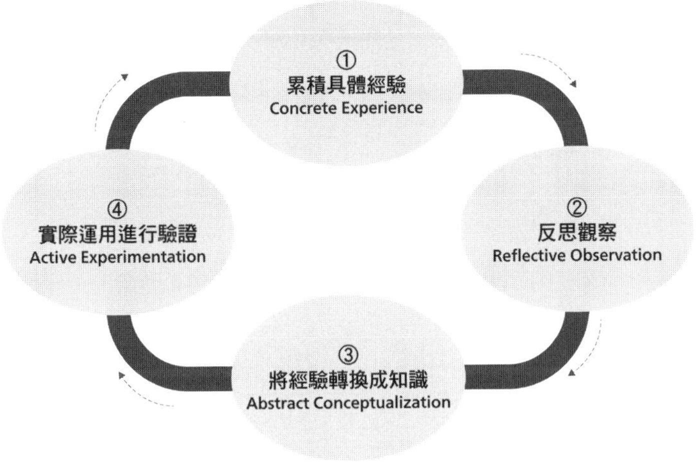

重點在於「經驗『之後』的所學」！

出處：Kolb, D. A. (1984). *Experiential Learning: Experience as the Source of Learning and Development*. Prentice-Hall. 圖表由筆者自行製成

轉換成可運用於其他狀況的知識。

最後一個階段是，經由概念化得到的理解，不能只是擺著不用，必須**實際運用在其他場合**（Active Experimentation），藉此驗證所學是否有效，並進一步累積全新的經驗。

PEDAL有利於「學習」！

善用經驗，透過反思做抽象化的整理，再運用到實際狀況中。

倘若不啟動這樣的循環，即便是經驗再豐富的人，也會停止成長。這種停滯感，可以說才是「中高齡憂鬱」的真正面目。

◉ 圖表5-4　PEDAL對工作表現的影響

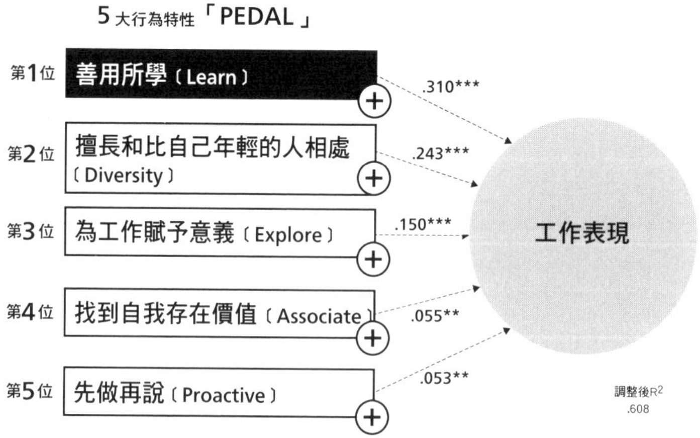

「善用所學」對自走力的影響最大

註：控制年齡、轉職次數、年資等屬性的多元迴歸分析結果。***顯著水平5%，**顯著水準1%
出處：石山恒貴、PERSOL企管顧問公司（2017）中高齡上班族發展實情調查

事實上，在PEDAL的五大行為特徵當中，對工作表現影響最大的，是「善用所學」的行為（〈圖表5-4〉）。

從另一個角度來說，剩餘的四個行為特徵，對於啟動經驗學習圈來說，同樣也不可或缺（〈圖表5-5〉）。

「先做再說」可以將反思和知識化得到的學習，運用到實際狀況中進行驗證。「為工作賦予意義」除了本身就是個反思的行為以外，對於將極度抽象的想法，轉換成所需的知識，也很有幫助。另外，「擅長和比自己年輕的人相處」和「找到自我存在價值」等行為，透過和不同世代或部門、團體之間的交流，不僅可以給自己帶來全新的經驗，也會帶來許多反思的

◉ 圖表5-5　經驗學習圈與PEDAL的關係

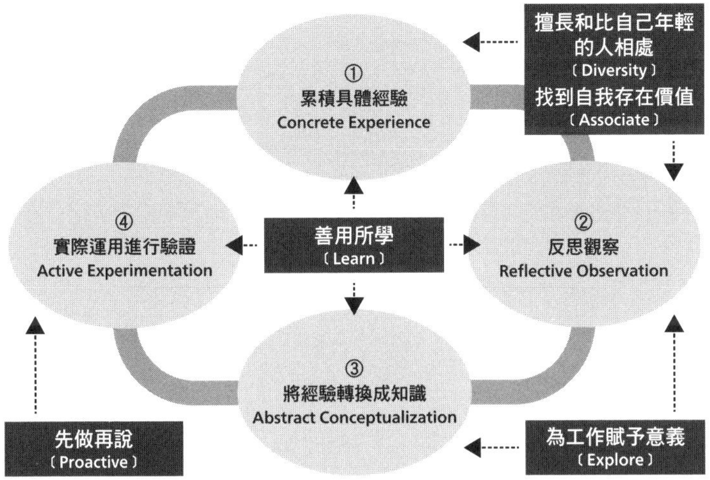

透過實踐PEDAL可加速「經驗學習圈」的作用

機會。

綜合以上所述可以知道，提高自走力的PEDAL行為特性，對於提升中高齡員工的學習力來說，同樣扮演著決定性的角色。

REFLECTION

□你身邊是否有人「熱愛閱讀卻遲遲不見成長」，或是「擁有豐富經驗卻停滯不前」？想想他們缺乏了什麼？

□回顧自己的反思清單，在過去的職涯當中，哪些時期「反思」做得不夠徹底？原因為何？

不停踏出「舒適圈」進行「跨界」學習

管理「前輩」有助於「學習」

在上一節提到，上班族的學習最重要的還是「經驗」和經驗的「反思」。中高齡員工在啟動經驗學習圈時，必須和提升自走力一樣，落實PEDAL的行為。

不過，提升中高齡員工「學習」的要素不只如此。各位請看下頁〔圖表5-6〕。

學習關鍵字

跨界學習　職場學習　過度適應的陷阱　舒適圈　複業　知識中介者　存在感

從這個圖表至少可以得到三個結論：

① 累積「成長」的經驗

② 管理「前輩下屬」是一大學習機會

③ 「跨界學習」的經驗是關鍵

首先是**成長經驗**的重要性。「創立新規事業」和「長期派駐海外（一年以上）」等無法直接運用過去經驗和所學的工作環境，換言之也就是具備「成長」性質的經驗，才有辦法提升「善用所學」的行為。

實際上，這種具挑戰性、會伴隨著挫折和失敗的工作經驗，更能發揮經驗學習

◉ 圖表5-6　影響「善用所學」行為的「經驗」

排行	項目	影響程度（β）
1	管理年長下屬的經驗	.058
2	創立新規事業	.055
3	長期派駐海外（一年以上）	.053
4	參加研習講座（領導能力的開發）	.053
5	參與公司外部的讀書會與交流會	.051
6	參與地區活動（家長會、地方活動等）	.043
7	資格證照的學習	.043
8	參加研習講座（管理技巧的學習）	.042

關鍵在於「成長」、「前輩下屬」、「跨界」！

註：控制年齡、轉職次數、年資等屬性的多元迴歸分析結果。顯著水平皆為5%
出處：石山恒貴、PERSOL企管顧問公司（2017）中高齡上班族發展實情調查

圈的效果。因為唯有在面對事情不如預期的狀況，例如「全新研發的商品成果不如預期，幾乎宣告失敗……」、「在跨國團隊中無法妥善表達自己的意見……」等，人才會開始進行自我「反思」，從中找到自己的「答案」並進行「驗證」，以避免日後再失敗。

也就是說，**必須強迫自己做出某種程度的成長、具挑戰性的經驗，才有辦法讓中高齡員工「學會如何學習」**。

第二個重點是，**管理「前輩下屬」的經驗**，是影響「善用所學」行為最深的因素。

這一點可能有點出乎大家的意料，不過其實只要從「反思」的角度思考，就能知道其中的關係。前面內容中曾提到，在面對「前輩下屬」時，最好採取真誠領導（自然的領導），也就是公開自己的弱點和價值觀，而不是高舉著報酬和懲罰的交易型領導（P167）。

以自然的態度面對，意思並不是什麼事都不在乎，也不是凡事都直言不諱。反而必須做到細膩入微的關心，才有可能做到自然的領導。所以最好的方法，就是透過

1on1或反思清單來進行自我揭露。

從這一點來看，**擁有「前輩下屬」的主管，同時也被迫要針對自己進行「大量的反思」**。這樣的經驗，也能有助於啟動經驗學習圈，提高「善用所學」的行為。

適合職場老手的最強學習法——跨界學習

在探討中高齡期的學習法時，比上述兩點更重要的，就是**「跨界」的體驗**。也就是說，「善用所學」的行為，會受到是否具備每天工作的職場「以外」的體驗所影響。

中高齡期的學習，必須具備啟動經驗學習的具體經驗。但是，光靠「公司內部的經驗」是不夠的。就算凡事都「先做再說」，累積了各種經驗，但**如果只有組織內部的學習，還是很難逃過「過度適應的陷阱」**。這也是導致「中高齡憂鬱」發生的原因（P80）。

因此，這時候必須做的，是跨出職場外進行學習。**在「自認為是歸屬的場域」和「感覺自己是外來者的場域」之間往來，獲得有別於歸屬之外的知識和思考的學習，**

稱為「跨界學習」（Cross-boundary Learning）（＊36）。

尤其近年來，跨界學習作為輔助以經驗學習為重點的**職場學習**（Workplace Learning），其重要性更是備受矚目。

例如「海外工作」的經驗，應該就是最容易理解的跨界學習。一旦到了國外，過去有用的各種規則和知識將不再適用，勢必得進行全新的學習才行。

當然，只有人到了國外，並不算是跨界。像是「參與公司外部的讀書會和交流會」和「參與家長會和地方活動等地區活動」等，參與公司業務以外的組織或團體的經驗，也能有效促進「善用所學」的行為。其他像是參與NPO活動或公益活動（運用工作技能進行志工活動）、主動參加非公司安排的研習講座、資格證照課程等，也都算是跨界學習。

另外，**「走出公司以外＝跨界」的認知，其實是一種誤解。**例如以創立新規事業來說，不只是日常工作的既有團隊，也必須和公司內部各相關部門及全新的公司外部夥伴共同合作。從跨出平時的工作場域以外這一點來看，這也可以算是一種跨界的行為。

除此之外，橫跨全公司的多功能型團隊（Cross-functional Team），或是跨業界的企劃團隊（Project Teams），甚至是有些工會活動等，也都具備「跨界」的性質。

跨界學習基本上並不是以「公司內部或外部」作為區別，而是**踏出舒適圈，體驗某種阻礙感的感覺，讓自己置身在過去的知識無法適用、不熟悉的空間中。**

如果找不到跨界的目標，也可以自己「製造」

在介紹一般跨界學習的方法之前，先跟各位分享一個實際案例。

居住在大阪的崎山哲也（當時年約40～45歲）自認為是個「一般上班族」，在大型房仲公司負責行銷、廣告、販促活動及業務助理的工作。雖然在這份工作上已經投入約二十年的歲月，不過他坦承，有時候也懷疑過，這樣的人生到底是不是自己真正想要的。

就在這個時候，他遇見了《*The 100-Year Life*》（《100歲的人生戰略》，Lynda Gratton、Andrew Scott合著）這本書。這本世界暢銷書的內容講述的是現代人的壽命只會愈來愈長，連帶地也造成生活方式和職涯選擇出現巨大轉變。看完這本書之後，他的想法有了改變，覺得自己如果只是一輩子當個上班族，死的時候一定會充滿遺憾。於是，他開始想追求自己在公司以外的可能性。

可是，才正打算踏出第一步，他卻不知道該從何下手。《*The 100-Year Life*》當中雖然提到人生中可以有某個階段只做「探索」（探索者），但是他根本不可能突然辭掉工作，當個探索者。

於是，他開始參加在關西舉辦的跨業交流等聚會。只不過，這類的聚會一般來說通常門檻都很高，「一般上班族」不會參加。有時候他也會懷疑，對於像自己這樣的一般上班族來說，《*The 100-Year Life*》中提到的世界，或許根本不可能實現。

有一天，他下定決心，幫自己做了工作以外的「第二張名片」，上頭寫著「Life Shift Lab」。他打算組織一個名叫「Life Shift Lab」的讀書會，讓跟自己一樣的「一般上班族」可以參加。後來，讀書會的訊息透過名片漸漸傳開來，有愈來愈多人都紛紛加入他的「Life Shift Lab」。

不只讀書會來者不拘，任何人都能輕鬆加入，另一方面很幸運的是，他也以合理的費用找到場地。

他利用的是OBP Academia和Benkyo Café大阪本町／大阪梅田店的場地。OBP Academia是個共同工作空間，可以在這裡工作、交流、讀書、放鬆、閱讀等進行各項活動。我在關西舉辦的工作坊等，偶爾也會借用這裡的場地。**對跨界學習來說，這類的「場地」也非常重要**（＊37）。

公司以外的活動最好不要「以金錢為目的」

像崎山這樣一邊保有原來的職業當個上班族，一邊「跨界」在公司以外創立事業的作法，稱為**「複業」**（parallel career）。

關於經營複業，崎山得到以下七個心得：

① 做自己喜歡的事
② 不去想會不會賺錢
③ 邊做邊思考
④ 大方公開
⑤ 不能荒廢本業

⑥ 不要浪費時間

⑦ 不要勉強自己

其中特別值得注意的是「②不去想會不會賺錢」和「⑤不能荒廢本業」。

關於「包含副業在內的公司外部活動，對本業的表現會造成何種影響」的問題，以前我也曾經做過研究（〔圖表5-7〕）。根據當時的調查發現，**以「第二收入」為目的的公司外部活動，並無法為本業帶來正面影響**。甚至如果跨界的出發點是因為「對本業不滿或進行職涯探索」，反而會帶來反效果（＊38）。

◉ 圖表5-7　公司外部活動對「本業活躍度」的影響（目的、性質別）

種別	項目	影響程度（β）
目的	對本業不滿、進行職涯探索	**-.17*****
	期望在活動中獲得成長	.20***
	社會貢獻	.08
	第二收入	**-.00**
性質	全新技能與錯誤嘗試	.10*
	相互作用	.16**
	擴展人脈	.03

出於「討厭本業」或「想賺錢」的跨界行為不可行

註：*顯著水準5%，**顯著水準1%，***顯著水準0.1%。
出處：石山恒貴（2018）包含副業在內的公司外部活動與工作塑造之關係——人才培育對於本業的效果之檢討，日本勞動研究雜誌，60(691)，82-92。

從這一點來看，崎山的跨界行動之所以成功，主要原因就在於，他既沒有財務困擾，對本業也沒有任何負面情緒，一心只專注在「自己喜歡的事情」上。

總之，他表示自從專注在這七點上、拓展自己的視野和人脈之後，不僅原本的焦慮感不再，而且發現自己面對工作變得比以前更有勁了。非但如此，藉由經營讀書會，他也**發現自己過去所沒有的能力，而且對本業的工作愈來愈感興趣**。

後來，他將自己在讀書會得到的人脈和知識活用在本業上，包括企劃待售公寓商品和擬定促銷活動計畫等，完成了過去不可能的挑戰。其中例如打造擁有社群和共享服務的全新社區等，由他負責企劃的好幾項計畫最後都實際獲得執行，在公司內部得到非常高的評價。

以「跨界」行動來說，光是這些成果就已經十分完美了。不過，他的學習並沒有就此打住。他繼續擴大公司外部活動的範圍，除了讀書會以外，也舉辦講座，以自己的經驗鼓勵上班族經營複業。另外，他也展開各種活動，包括在自由工作者協會關西HUB的活動，以及在「複業展覽會」活動上登台分享經驗，並到其他企業進行講座等。

透過工作外的交流愈來愈頻繁，他也發現自己過去一直被既定觀念束縛。現在的他，無論是在日常家事或地區活動上，都能放開心胸地參與。自從積極參與家事和地方活動之後，他開始稱呼自己為「飯糰達人」，因為他發現自己「捏飯糰的技術變好了」。

真正的學習在於「本業」或「本業之外」？

從崎山的例子可以知道，跨界學習有一定的深度，光是表面的瞭解是不夠的。

首先，崎山將自己在房仲業二十多年累積的知識，運用在自己創立的讀書會中，藉此獲得過去不曾發現的全新體認。更重要的是，透過這個過程，他「發現自己的能力，並且運用到本業上」。這裡就包含了某種「反思」和「知識化」的過程。

一般的跨界學習都是強調「將本業學到的知識，運用在本業之外」這種單方向的跨界形式。然而，崎山卻是把在複業中獲得的發現抽象化，**「反過來」運用在本業的企劃上**。

所謂跨界，不單只是「從本業跨到複業」。不如說是在兩方之間不斷「來回」，把從各自經驗中得到的學習，運用到另一方，藉此加速學習圈效能的一種「活動」。

換言之，跨界學習就是**橫跨本業和本業以外的雙重經驗學習**。

下頁〔圖表5-8〕根據上述崎山的例子整理出了八大步驟。各位在進行跨界學習的時候，不妨將這八個步驟謹記在心。

持續「跨界學習」有助於提升「自我存在感」

經過上述的重新分析之後，可以發現，跨界學習不單只是「善用所學」而已。因為這裡所說的「跨界者」的行為，相當類似於前述的**知識中介者的「擴大版」**。中高齡員工要想「找到自我存在價值」，關鍵就在於藉由交換記憶進行樞紐式的行為。

也就是說，當有人來請教的時候，不要只是自己想解決問題，最好可以藉由分享「Who knows What」的情報給對方，間接為團隊和組織提供貢獻。換個角度來看，這也算是一種「跨越部門和世代」的行為。

同樣的，跨界學習就狹義上來說，「跨界者」的角色正是負責傳遞知識的「知識

◉ 圖表5-8　跨界學習的八大步驟（以崎山的例子作示範）

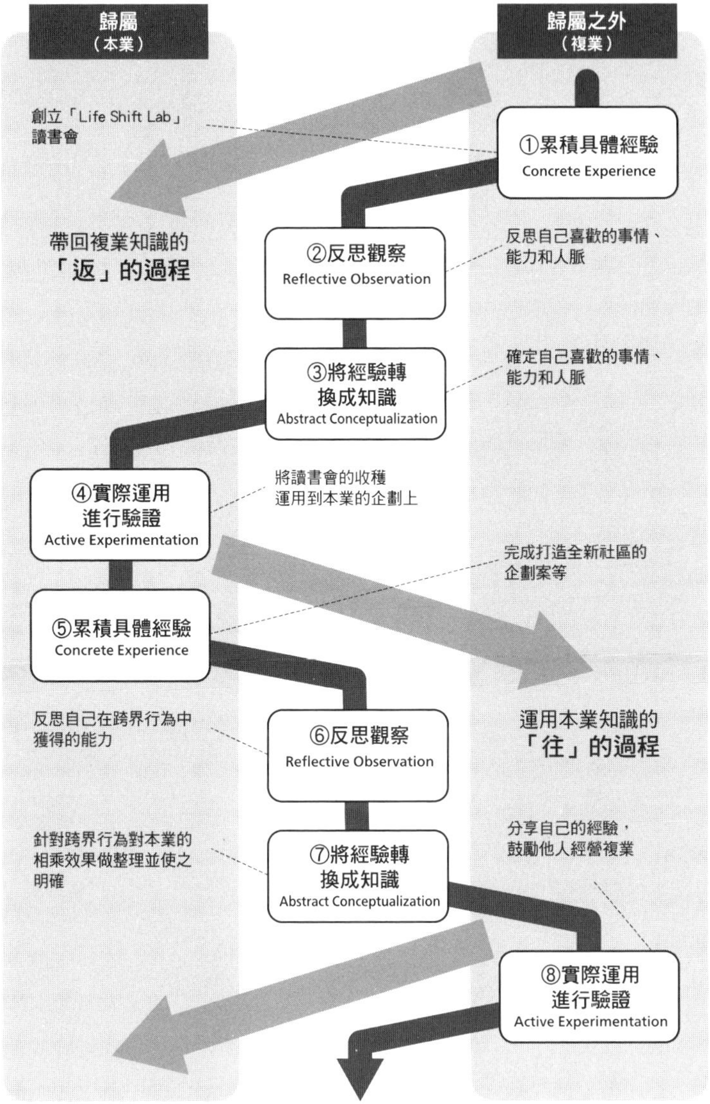
歸屬
（本業）
歸屬之外
（複業）
創立「Life Shift Lab」讀書會
①累積具體經驗
Concrete Experience
帶回複業知識的
「返」的過程
②反思觀察
Reflective Observation
反思自己喜歡的事情、能力和人脈
③將經驗轉換成知識
Abstract Conceptualization
確定自己喜歡的事情、能力和人脈
④實際運用進行驗證
Active Experimentation
將讀書會的收穫運用到本業的企劃上
完成打造全新社區的企劃案等
⑤累積具體經驗
Concrete Experience
運用本業知識的
「往」的過程
反思自己在跨界行為中獲得的能力
⑥反思觀察
Reflective Observation
針對跨界行為對本業的相乘效果做整理並使之明確
⑦將經驗轉換成知識
Abstract Conceptualization
分享自己的經驗，鼓勵他人經營複業
⑧實際運用進行驗證
Active Experimentation

跨界學習是一種「往返於本業與本業之外的運動」

中介者」。

〔圖表5-9〕是針對影響「找到自我存在價值」的「經驗」進行分析的結果。

從「參與公司外部的讀書會和交流會」的跨界行為躋身至第二位這一點可以知道，**在橫跨「本業」與「本業之外」的過程中，學習者自己的存在感也會跟著提升**。

只不過，除了部門和世代之間以外，以橫跨公司內部和外部來說，「跨界者」所感受到的存在感，應該是更高層次的東西。

換言之，假如前者指的是**在公司裡的存在感**，後者可以說就是**在社會上的存在感**。

＊　＊　＊

◉ 圖表5-9　影響「找到自我存在價值」行為特性的「經驗」

排行	項目	影響度（β）
1	管理年長下屬的經驗	.086
2	**參與公司外部的讀書會和交流會**	**.062**
3	創立新規事業	.053
4	參加研習講座（由公司內部員工開辦的職涯諮商）	.050
5	參加研習講座（領導技巧的開發）	.049

「跨界」經驗有助於提升「在公司裡的存在感」

註：控制年齡、轉職次數、年資等屬性的多元迴歸分析結果。顯著水平皆為5%
出處：石山恒貴、PERSOL企管顧問公司（2017）中高齡上班族發展實情調查

以上是中高齡員工提升自走力的五大行為特徵。在這五個行為特徵當中，各位覺得哪一項是「自己所缺乏」的呢？讀完以上的內容之後，再重新面對以下的問題，你的答案會是什麼呢？

「你是為了什麼而工作呢？」

REFLECTION

□請舉出三個你自己的「跨界」經驗。其中獲得最多學習的是哪一個？獲得什麼樣的學習？

□假如要製作公司名片以外的「第二張名片」，你會放入哪些要素？以自己可以向「本業以外」的人展現何種知識和經驗為重點，「想像」設計你的第二張名片。

CHAPTER 6

預知「現實」

[RCP]

預見退位後的「現實」

光靠「PEDAL」只會「迷失自我」

終於來到最後一章了。在進入這一章之前，讓我們先來複習前面的重點。

上班族在中高齡期經歷了工作表現跌落谷底之後，會迷失在職涯迷霧中。這種「中高齡憂鬱」的形成，主要有兩大因素：

學習關鍵字

退位　實際職涯預覽（RCP）

兩大谷底　現實衝擊

① 根本不知道方向

② 喪失自走力

日本常見的雇用形式，雖然以整個體制來說相當優異，但是另一方面也剝奪了員工的自走力。於是造成許多人雖然感覺停滯不前，卻無法採取任何行動，就這樣一路忍耐直到退休。如果想自己採取行動，脫離這種困境，方法就是靠稱為「PEDAL」的五大行動。

除此之外，中高齡期面臨的另一個重大課題是，「根本不知道方向」，也就是**對於自己的職涯欠缺預知能力**。如果對工作沒有任何展望，一旦面臨重大轉變時，當然會大受打擊。

要想減緩或避免這種現實衝擊，最有效的方法，就是透過**「實際職涯預覽」（RCP）**，也就是根據現實狀況，冷靜預測自己接下來會經歷的職業發展。

因此，接下來在這一章，我們將根據研究數據，帶領大家一步步思考究竟該做到哪些具體的預測（RCP）行為。

日本上班族經歷的「最大的不合理」

中高齡期職涯出現最大變化的時間點，也就是必須進行RCP的時間點，主要有以下兩個：

① 退位（役職定年）

② 退休後繼續受雇

在某個時間點就必須卸下職務的退位（役職定年），分為明確制度化的形式，以及非正式、習慣性作法的形式兩種。

根據一份由日本經濟團體聯合會針對一百二十一所大型企業所做的調查（〔圖表6-1〕），導入退位作法的企業約有48.3%，將近五成，有導入意願的企業也有5.8%。

另一方面，在導入這項作法的企業當中，考慮廢止的有3.3%，已經廢止的則有14.2%。

以大型企業來說，雖然很多都導入退位的作法，不過事實上，作法會因為企業不同而有所差異（＊39）。

但是不管怎麼說，這種「無關能力和成果，一律以年齡為根據解除職務」的制度和習慣作法，放眼全世界仍屬罕見。

問題就在於，這種作法絕對沒有經過合理、計畫性的設計，單純只是**為了導正人口構成比例和職務數量等日本型雇用存在的「不正常現象」，才不得不施行的措施**。也就是說，在背後隱藏的是企業「不願意培育年輕人」、「試圖降低人事費用」的意圖。

因此，退位幾乎從來不會考慮當事

◉ 圖表6-1　退位實施狀況（2015年）

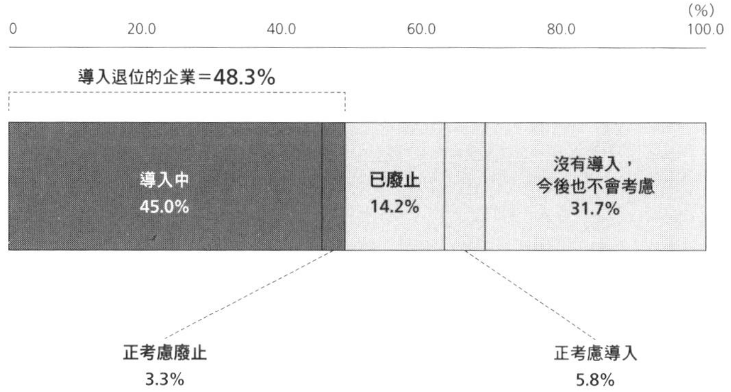

大企業中「導入退位」的仍佔多數

註：2015年9月，由日本經濟團體聯合會的雇用政策委員會和勞動法規委員會共同針對121家企業和團體進行的調查。
出處：日本經濟團體聯合會（2015）中高齡上班族活躍推進相關問卷調查結果

者的工作表現和能力。除非晉升到企業高層等一定的地位，否則不管業績表現再優秀，從某個意義來說，都會「一視同仁」地（換個角度來說就是「無情地」）成為退位的對象。

這種來自外在的職涯變化，**從當事人的角度來看，只會覺得極度「不合理」**。就如同前述內容提到的，退位會導致出現中高齡期最大的「谷底」。

我們請經歷過退位的人，自由寫下當時的心情（〔圖表6-2〕）。以某方面來說，這或許是這次調查所得到的「最具衝擊的數據」。

這些歷歷在目的回憶文字，讓人不忍卒睹。

「我一直那麼努力付出，為什麼最後竟是這樣的結果……？」「我還能繼續工作，為什麼就這樣把我踢開……？」**從定量數據中看到的「退位的谷底」，裡頭滿滿地鬱積著這些複雜的情緒**。

這些聲音並不是為了嚇唬各位，也不是想煽動任何負面情緒。而是希望大家可以事先對退位做好適當的認知。

只要先做好適當的認知，就能提前避開退位帶來的停滯感。

◉ 圖表6-2　退位後的心情（負面，自由表述）

	項目
無法接受	「實在太不合理了，害我**對工作完全失去鬥志。**」 「雖然覺得不合理，但就算想辭職，**沒有收入也不行，只能繼續忍耐待下去。**」 「退位的年齡**設定得太早了。**」 「在現行的制度上，55歲退位以後，**不管再怎麼努力也無法往上爬**，一直到60歲退休為止，待遇都只有退位當下的水準。這一點我**覺得不太合理。**」 「事後雖然知道自己已經卸下職務，但還是做一樣的工作，一點影響也沒有。只是我**再也不相信公司了。**」
不知所措	「我可以接受退位，但是隨著異動，**工作內容變得不一樣，讓我不知所措。**」 「雖然早就知道總有一天得卸下職務，但還是**比預計的快了三年。**」 「公司透過LINE告知我職務變成專案負責人，對此我沒有意見。反倒是這個職位到底該做什麼，沒有一個明確的答案，這一點讓我對公司的不信任感與日俱增。」 「雖然可以理解，不過**實際的轉變（收入、環境、工作內容）比想像中還要大。**」 「我知道不能只靠工作單一收入，所以**幾年前就開始投入副業和興趣**。心情上做好心理準備，也比較不會擔心。」 「雖然瞭解這是公司的制度，但我**覺得自己還有貢獻能力**。希望公司以後能夠提供高齡員工一個發揮的機會。」 「現在愈來愈難得知公司的經營狀況，會議也減少了，**感覺自己漸漸被公司排擠在外。**」
喪失自我認同感	「卸下執行幹部的身分以後，被分配到完全沒有經驗的工作，讓我根本完全失去工作動力，感覺自己會**就這樣被當個廢人。**」 「當初自己是同期中成就最高的，可是為什麼一夕之間就要我卸下職務？**現在我只能每天活在疑問和失落中，無法入眠。**」 **「公司到底算什麼！」** **「完全愣住，不知如何反應。」**

出處：石山恒貴、PERSOL企管顧問公司（2017）中高齡上班族發展實情調查

〔圖表6-3〕顯示的是退位的「成功／失敗」，對存在感和滿意度造成的影響。負數就表示會帶來負面影響。

各位可以看到，「成功」退位的人，對公司和工作的滿意度都會提高。相反的，**一旦在退位上受挫，各方面的滿意度都會下降**。

由此可見，如何面對退位，是職業生涯是否會留下遺憾的主要關鍵因素。

約三成的人是在「毫無準備的狀況下退位」

◉ 圖表6-3　受「退位的成功與否」影響的「滿意度」等

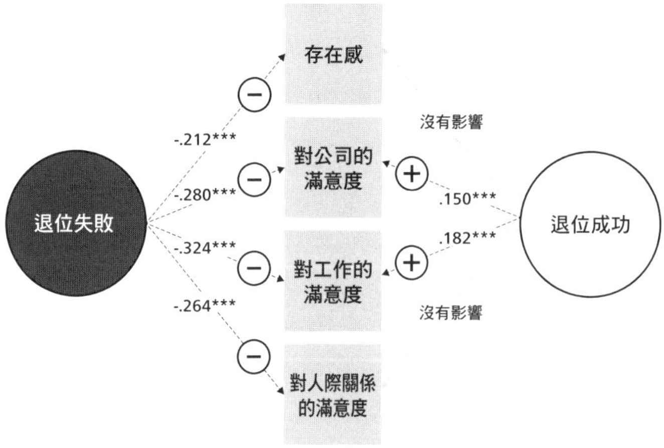

退位是「職業生涯是否留下遺憾」的分歧點

註：控制年齡、轉職次數、年資等屬性的多元迴歸分析結果。***顯著水平1%，**顯著水平5%
出處：石山恒貴、PERSOL企管顧問公司（2017）中高齡上班族發展實情調查

退位的人，在這之前經歷過什麼轉變，又是在哪裡遭遇挫敗的呢？

各位請看〔圖表6-4〕。這裡顯示的是經歷過退位的人，做過哪些「退位前的事前準備」。

值得注意的是最右側「盡可能不去想」和「沒有特別做任何準備」兩個項目。從這裡可以知道，**有相當比例的人，完全沒有為退位後的職涯做任何準備**。

各位可能會覺得不可思議，為什麼會有這麼多人一點準備也沒有呢？會不會是因為公司告知得太突然，以至於讓人措手不及呢？

很顯然地，這樣的可能性並不

◉ 圖表6-4 退位前所做的「準備」

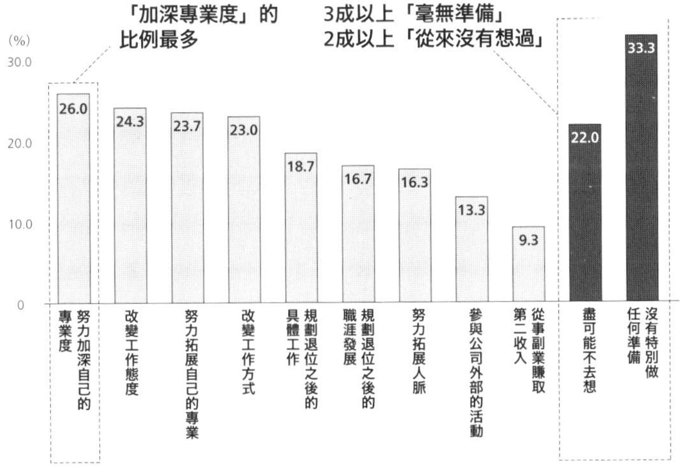

各位是否也在逃避「確定的將來」呢？

出處：石山恒貴、PERSOL企管顧問公司（2017）中高齡上班族發展實情調查

高。〔圖表6-5〕是針對沒有事先做準備的人，分成「一年前就被告知」和「公司完全沒有告知／當下才告知」兩個組別來進行比較。

從圖表可以發現，**即使提早被告知，對於「不做準備的人數比例」也沒有造成任何較大的影響。**這種差距在統計上來說，根本算不上明顯差異。

假如是這樣，可見中高齡之所以沒有做好準備，應該還有其他的原因。那麼又是什麼呢？

為什麼會覺得退位來得「太突然」？

◉ 圖表6-5　「是否事前被告知」對「為退位做好準備」的影響

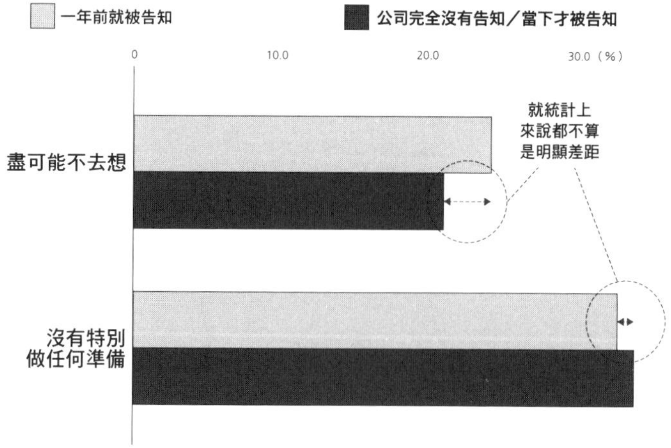

就算提早被告知，對「準備」也毫無影響

出處：石山恒貴、PERSOL企管顧問公司（2017）中高齡上班族發展實情調查

〔圖表6-6〕是針對退位的時間點（年齡）所做的調查。淺灰色代表在公司制度下退位的比例，深灰色則是習慣性作法、非正式的退位的比例。

相較於非正式的退位大多落在50歲左右，明訂退位制的公司，比例最高的時間點是在55歲。

在這裡要特別說明的是，這份調查當中的三百位經歷過退位的人，有一半以上（59.6%）都是在公司既定的「制度」下被退位。

根據這份調查結果，我們再來看另一個數據。下頁〔圖表6-7〕是針對「何時被公司告知要退位？」所得到的回答。

◉ 圖表6-6　經歷過退位的人「卸任的時間點」

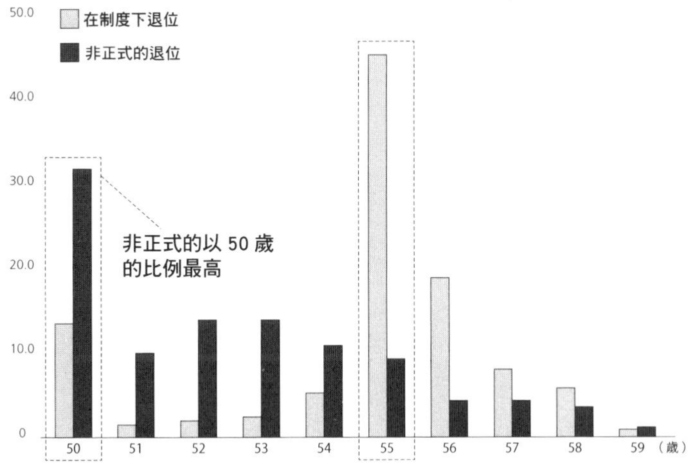

對有制度的企業來說，「55歲退位」的比例最多

出處：石山恒貴、PERSOL企管顧問公司（2017）中高齡上班族發展實情調查

其中「當下才被告知」和「沒有特別被告知」，兩者合計竟然就高達68.3%。**各位發現哪裡不對勁了嗎？**明明有59.6%的人在制度退位，卻有將近七成的人「完全沒有被告知」或「當下才被告知」。為什麼會出現這樣的落差呢？

隱約認為「自己應該不會這樣」的一廂情願

實施退位制度的企業，應該多少還是有事先告知員工才對。或者在員工手冊或人事考核制度的說明資料上，也一定有清楚說明。即便退一百步來看，就算公司這

◉ 圖表6-7　被告知退位的時間點

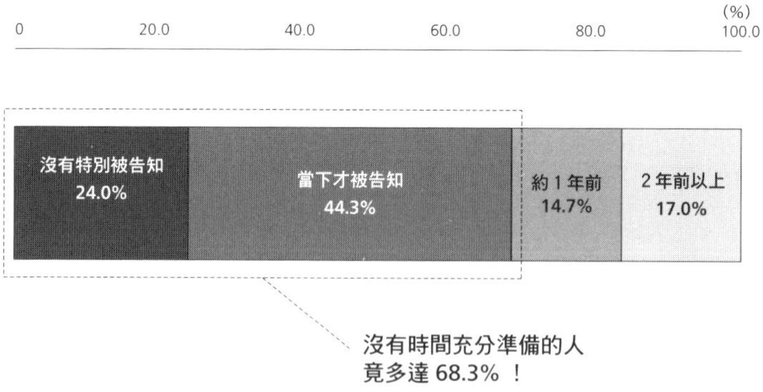

明明有59.6%的人「在制度下退位」，為什麼卻有這麼多人沒被告知？

出處：石山恒貴、PERSOL企管顧問公司（2017）中高齡上班族發展實情調查

些都沒有做到，員工自己也應該看過前輩在一定年齡就被撤下職務的例子才對。至少只要是有這項制度的公司，**應該都要有「自己也會成為退位對象」**的自知之明。

既然如此，還會發生這種事，不就是因為**抱著「自己應該不會這樣」或「自己應該有特殊待遇吧」等沒有根據的期待**，不是嗎？

或者是雖然知道會被撤下職務，但因為「無法接受」或「不想面對」，於是選擇逃避現實也說不定。

之所以對退位缺乏RCP（事前認知和準備不足），就是因為這種心理障礙所導致。要想克服這種心理障礙，最有效的方法，就是清楚掌握前輩們包含正反兩面的「實際例子」，也不要對退位抱有過度的負面想法。

REFLECTION

□你現在的公司是否有退位的制度？或者是有非正式的退位作法？請針對公司的規定再次做確認。

□列出近五年內退位的人。卸下職務後仍繼續活躍的人與相反的人，兩者之間有何差異？

現在開始你能做的事21

開始「助跑」，準備再度上場綻放光芒

☜ 學習關鍵字

實際職涯預覽（RCP）

對職位的執念　反向轉變

被撤下職務的人感到最意外的「改變」

實際上經歷退位，究竟會有哪些改變呢？又必須做好心理準備迎接哪些變化呢？下頁〔圖表6-8〕是退位前後實際出現的「變化」及「預測」項目的比較。實際變化和預測之間的差距，數字愈大代表「預測得太天真」。

由圖表可知，尤其在「上司、下屬人數、年收入、工作內容」等四個項目上的預測，很容易會過於天真。這四項可以說正是退位帶來現實衝擊的最主要原因。

退位之後，由於身分已不再是管理職，所以原本擁有眾多下屬的人，一下子會變成一個下屬也沒有。有時甚至會被分配到過去是自己下屬的人底下做事。收入方面也是一樣，一旦少了管理職的津貼，就必須做好年薪會減少的心理準備，就連過去當主管時交辦給他人的雜務，現在也都得自己做了。

仔細想想，這些都是可預期的變化。但是問題就在於，**變化的「程度」比事先預期的還要嚴重**。

◉ 圖表6-8　退位後的「實際變化」與「事前的預測」

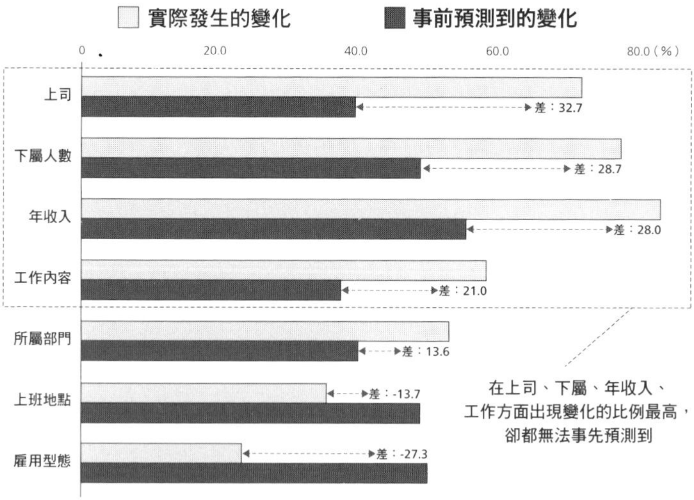

你對於退位之後的「預測」是否也過於天真了呢？

出處：石山恒貴、PERSOL企管顧問公司（2017）中高齡上班族發展實情調查

所謂的RCP（實際職涯預覽），不能只是出於自己的一廂情願，必須結合現實，搶在變化之前「提前行動」。因此可以做的準備非常多。

每家企業退位的制度和習慣各有不同，所以首先自己能做的，就是主動請教公司的人事主管。或是向有退位經驗的前輩請教，也是很有用的作法之一。

原本下屬愈多的人，「失落感」愈大

接下來我想針對退位帶來的實際變化，進一步從以下三個觀點來分析：

① 環境的變化

② 行為上的變化

③ 心態上的變化

針對經歷過退位的人所感受到的「環境變化」，各位請看下頁（圖表6-9）。比例最高的是「參與會議的次數變少」。這一點還真有既視感呢。

第二高位的「愈來愈不清楚公司的內部訊息」也和第一點有關。除此之外**也有許多跟溝通環境變化有關的項目**，包括「接受請教的機會變少」、「和上司對話的機會變少」、「和同事聊天的機會變少」等。

各位可以想像，現在自己每天的時間都被開不完的會議和電郵塞得滿滿的，讓人想到就覺得煩。可是假如從某一天開始，這些會議和電郵突然變少了，你會做何反應呢？雖然工作可能會變得稍微輕鬆一點，不過應該還是會覺得「公司是不是再也不需要自己了？」。

◉ 圖表6-9　經歷過退位的人所感受到的「環境」變化

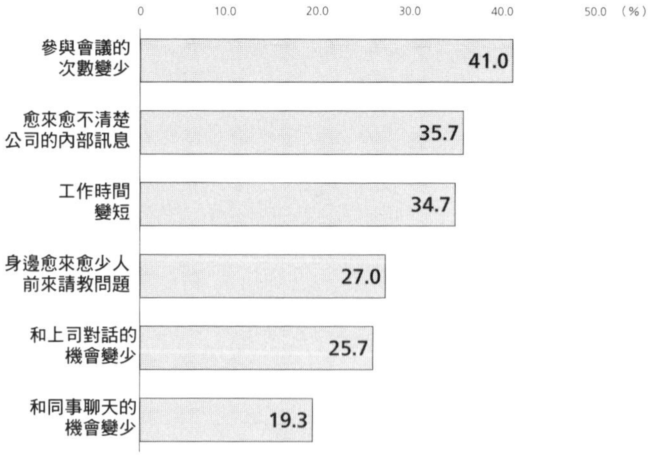

被剔除在公司內部的「情報網絡」之外

出處：石山恒貴、PERSOL企管顧問公司（2017）中高齡上班族發展實情調查

就連原本因為管理職的身分參與公司內部訊息流通的人，**一旦被撤下職務之後，就會被剔除在內部的「情報網絡」之外**。從這一點來看，被退位的人當然會頓時嚴重失去「存在感」。

「前管理職」的人不知如何面對的「反向」轉變

面對上述的環境變化，中高齡員工要如何改變「②行動」呢？哪些行為又會讓人受挫呢？

在下頁〔圖表6-10〕當中，首先值得注意的是中高齡員工會覺得「不想再接受挑戰」。

這種「把重要的工作讓給年輕人和中堅階級來做」的心態，也可以說是一種「讓路給後進」的貼心顧慮。不過，如果這**只是一個藉口，用來正當化「不願面對新挑戰的自己」**呢？

也可能是因為，自己以前的身分是擁有下屬的管理職，所以不敢面對風險大的挑戰。

當這些沉重的壓力完全釋放之後，大可稍微放輕鬆地嘗試各種挑戰才對。然而，就中高齡員工的實際感受而言，卻反而變得更不敢「先做再說」。

另一個值得注意的項目是「不知道自己現在的角色到底是什麼」。從一名負責人，**角色轉變**成為管理職的時候，每個人都會經歷掙扎和阻礙。

但是，隨著時間經過，等到面臨退位時，不但要卸下部門主管的責任，還會被排除在會議和電郵等內部訊息之外，這種**從管理職變成負責人的「反向」角色轉變**，反而會讓人受挫。

◉ 圖表6-10　經歷過退位的人所感受到的「行為」變化

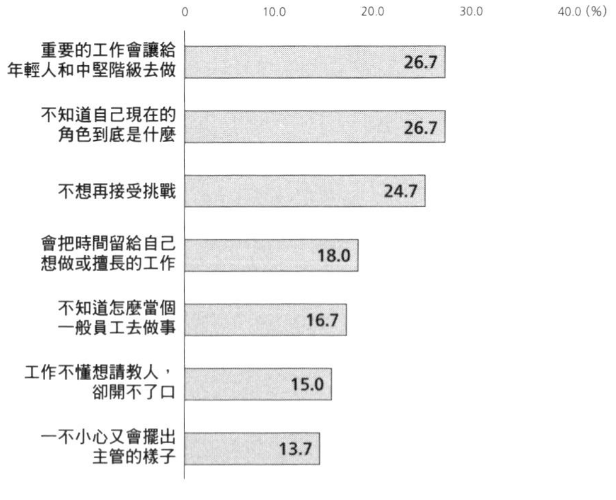

「挑戰精神低落」與「對新的角色不知所措」

出處：石山恒貴、PERSOL企管顧問公司（2017）中高齡上班族發展實情調查

包括「不知道怎麼當個一般員工去做事」、「一不小心又會擺出主管的樣子」、「工作不懂想請教人，卻開不了口」等，都是這種角色轉變帶來的困惑。

下頁〔圖表6-11〕是針對退位前擁有的「下屬人數」，比較退位後所出現的「環境」和「行動」的變化。

理所當然的，退位前擁有愈多下屬的人，失落感更大。例如從圖表中可以發現，原本擁有五十名以上下屬的人，退位之後，不僅溝通和情報交換的機會頓時銳減，過去下屬人數愈多，更會因為「反向角色轉變」而感到不知所措。

「對職位的執念」會導致自我認同危機

面對環境和行為上的重大轉變，經歷過退位的人，內心又會出現什麼變化呢？下頁〔圖表6-12〕是面對工作時「③心態上的變化」。

從圖表可以知道，退位對個人果然還是會造成相當大的心理衝擊，包括「提不起勁」、「感到失落、孤立」、「對公司失去信任」、「對環境的變化不知所措」、「失去自我存在價值」、「無法接受事實」等相當現實的結果。

◉ 圖表6-11　退位前後的環境與行為上的變化（以下屬人數做比較）

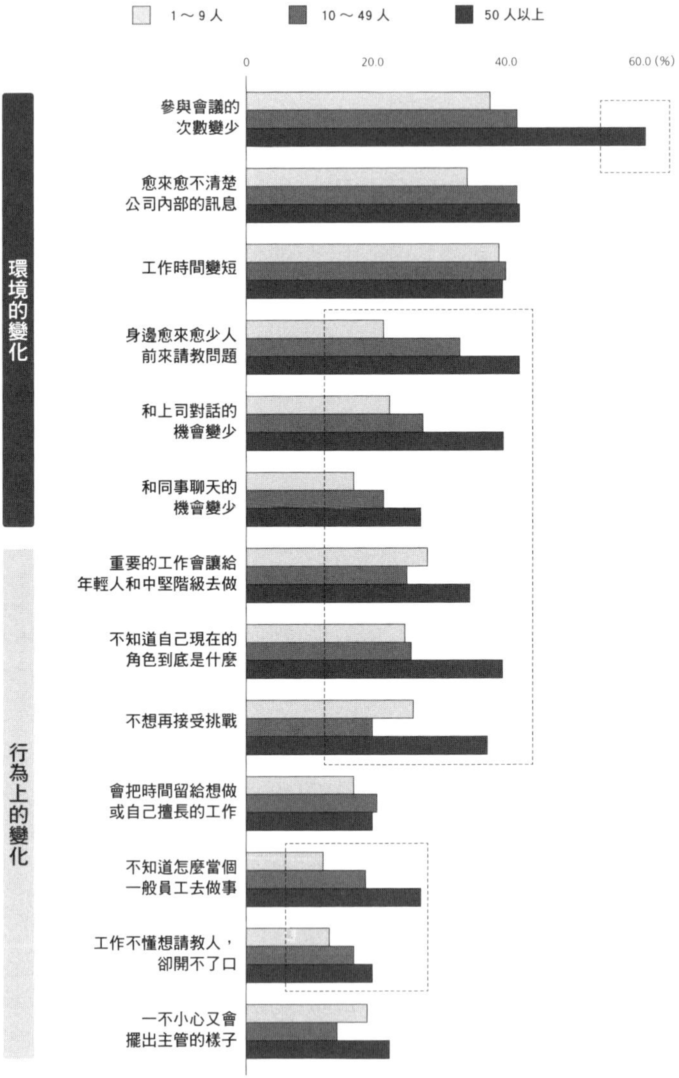

過去下屬愈多，感受到的變化愈大

出處：石山恒貴、PERSOL企管顧問公司（2017）中高齡上班族發展實情調查

前面內容曾提到，「對職位的執念」會讓人只注意到升遷停止（升遷停滯），卻沒有發現到自己已經停止成長（工作內容停滯）。

假設這種「執念」一直持續到退位的階段，這時職位已然成為自我認同的一部分。一旦這個自我認同突然被剝奪，會對心理造成極大衝擊也一點都不奇怪。

順利「角色轉變」的人的特徵

前面介紹了退位帶來的各種現實衝擊。不過，如果只看到這些負面結果而對將來抱持悲觀，並不能算是實際職涯

◉ 圖表6-12　經歷過退位的人所感受到的「心態上」的變化

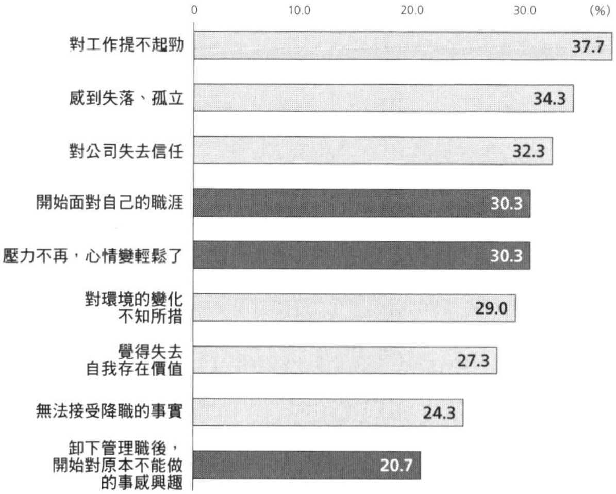

比例最高的是失去鬥志，對工作提起幹勁的只有兩成

出處：石山恒貴、PERSOL企管顧問公司（2017）中高齡上班族發展實情調查

預覽。所以，接下來就讓我們來看看，經歷過退位的人所感受到的「正面變化」。

從〔圖表6-13〕可以知道，無論是在「環境、行為、心態」上，退位也會帶來正面的變化。

卸下職務可以為「時間」帶來非常大的餘裕，不過其實變化最大的還是在心態上。有些人因為不再是主管的身分，壓力不再之後，反而可以更認真面對自己的職涯。

實際上，從這一次的調查可以發現，雖然有人因為退位而跌入職涯的「谷底」，但是另一方面，也有一定人數的人反而因此變得更積極。

◉ 圖表6-13　退位帶來的正面變化

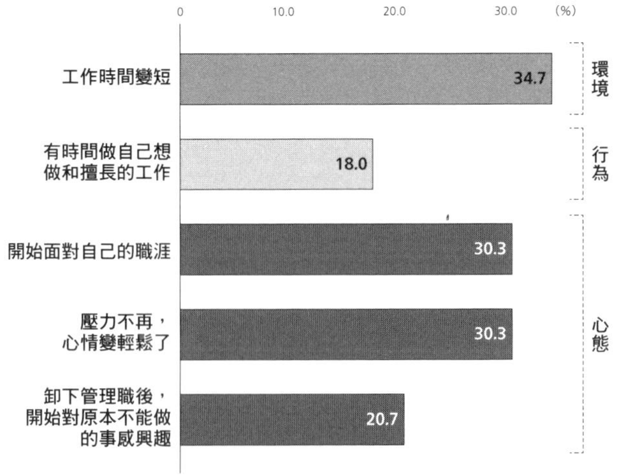

「自己的時間」變多了

出處：石山恒貴、PERSOL企管顧問公司（2017）中高齡上班族發展實情調查

〔圖表6-14〕是順利「角色反向轉變」的人的真實心聲。關於他們是如何改變想法去面對角色上的轉變，這些都是非常有幫助的訊息。

要注意的是，藉著退位順利改變的人和因此受挫的人，兩者之間的差異。

下頁〔圖表6-15〕是影響「成功／受挫」退位的「準備行動」。可以發現，**在退位中「受挫」的最大原因，果然還是「逃避」**。

相反的，在卸下職務之前就開始針對「具體的職涯發展」做規劃，改變工作態度，換言之就是**開始為轉變做「助跑」的人，之後就算回到工作的「第一**

◉ 圖表6-14　退位後的心情（正面影響，自由表述）

項目
「原本和當時的社長意見不合，但是**自從卸下部長的職務之後，反而可以回到第一線專心拚業績**。後來到了下一任的社長時，又重新坐回部長的位置，而且還當上執行董事兼副總經理。」
「卸下職務之後，我開始**可以做自己想做的事，時間上也更容易做出成績來了**。尤其是原本用來開企劃經營相關會議和討論的時間，還有為開會做準備的時間，現在都能用來討論自己的工作和準備，讓最後工作成果的品質提升不少。」
「我告訴自己**現在已經跟過去不一樣了**，而且也**必須表現出來讓身邊的人知道**。」
「我激勵自己『**就算薪水變少，也要交出比過去更好的成績來給大家看！**』」
「會議變少了，**多了很多時間可以專心在自己被交付的工作上**。」

還是有人可以順利做到「角色的反向轉換」

出處：石山恒貴、PERSOL企管顧問公司（2017）中高齡上班族發展實情調查

線」，也不會有太大的「挫敗」。

從管理職回到第一線仍然可以散發光芒的人

我曾經直接採訪過一位任職於大型企業，後來成功退位的員工，名叫近藤先生。

他原本是某業務部部長，率領數十名的下屬。後來從公司的職務規定中得知，年滿五十五歲就必須離開管理職。

於是，他從大約五十二歲開始，也就是從退位的前三年開始，把自己日後回到第一線負責業務時想做的新規事

◉ **圖表6-15　影響退位成功與否的「準備行動」**

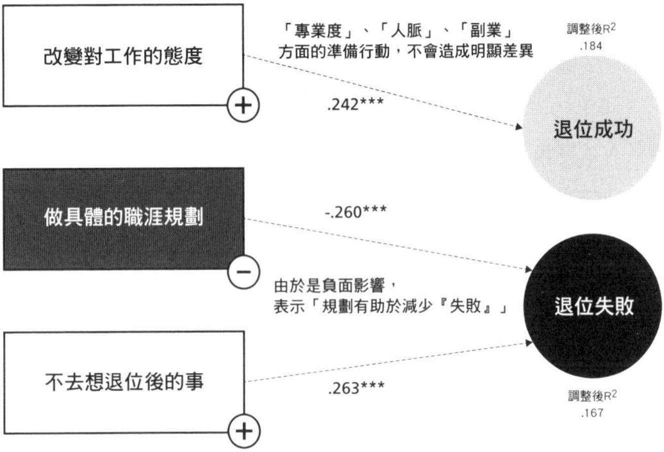

退位成功的關鍵在於「心態上的轉變」

註：控制年齡、轉職次數、年資等屬性的多元迴歸分析結果。***顯著水平1%，**顯著水平5%
出處：石山恒貴、PERSOL企管顧問公司（2017）中高齡上班族發展實情調查

業，全部都一一記錄下來。

三年後，他依照公司規定（也如同他自己的「預測」）離開管理職，從擁有眾多部下的部長，變成一個完全沒有下屬的一般員工。

卸下重擔之後，過去原本花在管理下屬的大量時間，如今全部可以自由運用。他用這些時間開始實踐一個一個醞釀已久的工作想法。

後來在六十歲之前，他的業績讓所有年輕員工和中堅階級都對他刮目相看，成為公司裡的超級員工。

面對退位之後的職業生涯，他不認為這只是退休之前的「消化比賽」，相反的，他把時間用來做自己想做的事，以一般員工的角色繼續活躍在第一線。他那散發著光芒的模樣，看在同世代的我眼裡，實在印象深刻。

不要抱著「我的工作到此為止」的心態

最後我們來看哪些因素會影響退位後的「工作表現」。各位請看下頁〔圖表6-16〕。

首先要注意的是「只對自己的責任範圍負責」。換句話說，**「限定職務的心態」會給工作表現帶來負面影響**。

「自己已經不再是主管了，不需要對整個部門的業績負責，只要做好分內工作就好。」像這種減少「為工作賦予意義」的態度，只會讓工作表現變差。

即便身分從主管變成第一線的員工，也不需要把「工作的意義」局限在自己的分內工作上。就像在「為工作賦予意義」的章節中提到的，只要不斷認清自己的工作對「組織」的意義，即使卸下管理職，中高齡員工的自走力也會不斷提升。

另外要注意的是，帶來最大正面影響

◉ 圖表6-16　影響退位後工作表現的因素

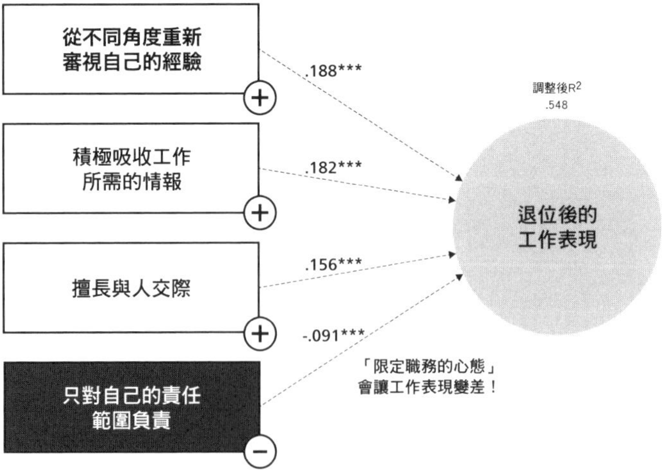

各位是否也有這種「那不是我的工作」的心態呢？

註：控制年齡、轉職次數、年資等屬性的多元迴歸分析結果。***顯著水平1%，**顯著水平5%
出處：石山恒貴、PERSOL企管顧問公司（2017）中高齡上班族發展實情調查

的「從不同角度重新審視自己的經驗」。

這一點也可以解釋為**「反思」**，正好是「為工作賦予意義」和「善用所學」中不可或缺的行為。另外可以發現，其他兩個項目也都和前面章節介紹的PEDAL行為有很大的重複。

由此可知，想要降低退位帶來的現實衝擊，實際職涯預覽（RCP）當然不可或缺。但是如果想更進一步提升工作表現，還是必須做到PEDAL才行。

換言之，如果想跨越退位這個中高齡期最大的事業谷底，提升自走力絕對必要。

REFLECTION

□現在是管理職的人，請想像半年後即將恢復成「完全沒有下屬的一般員工」角色。這時候你會做何「準備」？

□假設你被告知「在退休前最後五年的時間，你可以選擇在自己喜歡的部門，做自己想做的事」，你會想做什麼呢？

現在開始你能做的事22

掌握高齡期的「上升氣流」

「退休＝終點」已然成為過去的觀念

中高齡員工應該事先做好「預知」的另一件事情，就是「退休」。

退休對一個人的人生來說意義重大，不過本書要探討的並不是退休後的老年生活。

☜ 學習關鍵字

退休後繼續受雇　延後退休年齡　RCP
專業度　高齡期的上升氣流

這裡的焦點還是會擺在退休對職涯的影響，帶大家瞭解「退休後」仍繼續工作的人會面臨到的現實狀況。

「退休後這種還早的事情，現在想那些做什麼……」

「再說現在也還不知道退休後是不是要繼續再工作……」

或許有人會這麼想吧。不過事實上，退休後繼續留在原公司工作的人，比例絕對不低。

根據日本《高年齡者雇用安定法》修正案，企業必須確保員工的雇用機會直到六十五歲。到二〇一七年為止，99.7%的企業已同意接受員工的受雇權直到六十五歲。不過另一方面，還是有多達77.7%的企業仍然維持「六十歲退休」的制度（＊40）。

彌補這之間的「差距」最常見的方法，就是**「退休後繼續受雇」**。多數企業的作法都是在員工六十歲退休之後，只要當事人有意願，就可以和公司簽定「再雇用契約」（一般都是每年重新簽約），跟原本一樣繼續留下來工作。

近來大家也開始討論關於**「延後退休年齡」**的話題，希望能夠徹底解決差距的問題。

從我們所做的調查數據（〈圖表6-17〉）也可以發現，有57.3%的人會考慮繼續留在現在的公司繼續工作，只有約五分之一（19.7%）的人考慮完全退休。

從人力嚴重不足的問題和日本社會保險制度的狀況來看，**選擇退休後繼續受雇的人和不得不這麼做的人，接下來只會愈來愈多**。

「退休＝職涯終點」的觀念，在現在的時代已然不再成立。

◉ 圖表6-17　退休後的安排

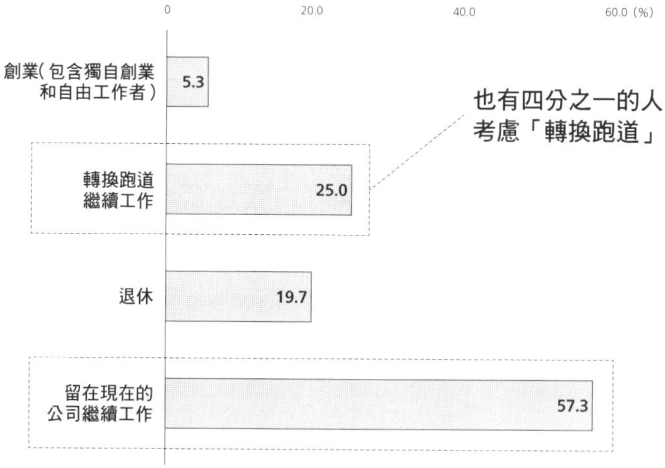

選擇「退休」的只有兩成不到。
近六成的人會選擇「繼續工作」

出處：石山恒貴、PERSOL企管顧問公司（2017）中高齡上班族發展實情調查

如果只是為了「收入」繼續工作，將面臨嚴峻的現實

選擇退休後繼續受雇的人，實際上會面臨到哪些問題呢？

〔圖表6-18〕是「選擇退休後繼續受雇的人」當初做決定的「理由」。正面理由和負面理由各取前三位。

相較於「善用過去累積的經驗、能力和專業」的理由，「領到年金之前的生活將成問題」、「就算辭掉工作也不知道自己想做什麼」、「在家裡找不到存在價值」等負面理由特別值得關注。

尤其是**因為經濟問題不得不選擇繼續受雇的人，就佔了多達半數以上。**

圖表6-18　選擇退休後繼續受雇的理由（正面及負面前三位）

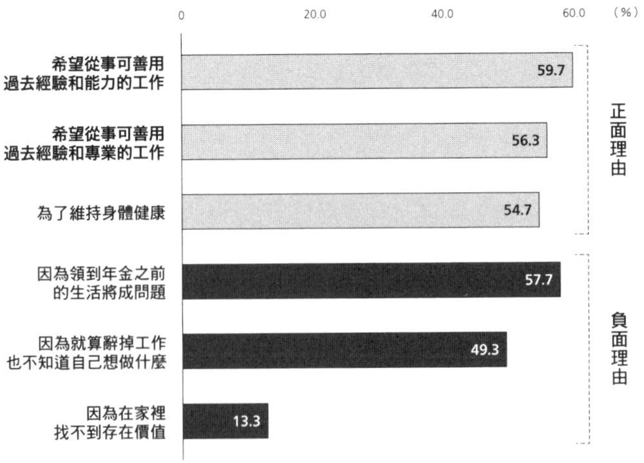

多數人都是為了「錢」選擇繼續受雇

出處：石山恒貴、PERSOL企管顧問公司（2017）中高齡上班族發展實情調查

但是，即使退休後繼續受雇，薪資水準也非常低。

〔圖表6-19〕是選擇繼續受雇的人「年收減少的幅度」。

年收入平均減少47.5%，甚至「減少五成以上」的人，竟高達56%。

其中也有多達15%的人，年收只剩過去的三成。等於假設原本年收入一千萬日圓，頓時間只剩下三百萬可以維持生活。

問題是，這種「年收入驟減」的作法是合理的嗎？

在這一次的調查中，覺得「繼續受雇後工作內容不同於以往」的人只有29.7%。換言之，有七成的人做的工作和退休前完全一樣。

◉ 圖表6-19　退休後繼續受雇對年收入造成的影響

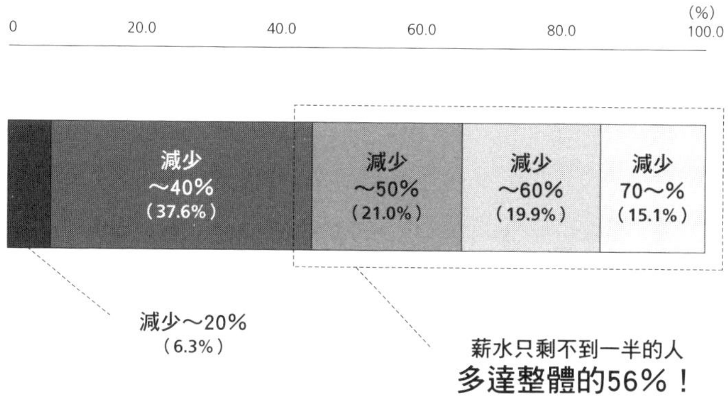

退休後繼續受雇的薪資「平均減少47.5%」！

出處：石山恒貴、PERSOL企管顧問公司（2017）中高齡上班族發展實情調查

但是相對地年收入卻平均減少將近五成。從這裡可以合理推測，多數人**「做的工作和之前一樣，唯獨年收入卻大幅減少」**。以員工的角度來說，當然無法接受這種情況。事實上，對薪水感到滿意的人只有16.7%。也就是說，**幾乎所有退休後繼續受雇的人，都是心懷不滿地在工作**。

關於繼續受雇者的薪資問題，目前各種方法都正在討論研議中，包括「同工同酬」等。一般認為，無論何種雇用形式，薪資待遇都應該達到均等、均衡的原則，所以相信現在的狀況應該可以慢慢獲得改善。

在這之前，本書秉持著一貫原則，還是希望把焦點擺在面對這樣的現況，自己可以做些什麼？

「退休後最後悔的事」是什麼？

首先要請大家看的是，選擇繼續受雇的人，在退休前都做了哪些「準備」（〔圖表6-20〕）？

前面已經看過關於退位前「準備不足」的數據，所以在這裡大家可能不會覺得太驚訝，不過還是有36.7%的人「沒有特別做任何準備」。

換言之，**選擇繼續受雇的人當中，有將近四成完全沒有做這方面的「準備」，就這樣直接退休**。

這應該也可以算是中高齡員工喪失自走力所導致的結果。

另外，雖然幾個比較重要的準備，例如「改變對工作的想法」、「和家人討論」等，排名都在前幾位，但是每一項的比例都只有將近三成左右，等於剩餘的七成完全疏於這方面的準備。

假設不需要為退休特別做任何準

◉ 圖表6-20　退休前所做的「準備」

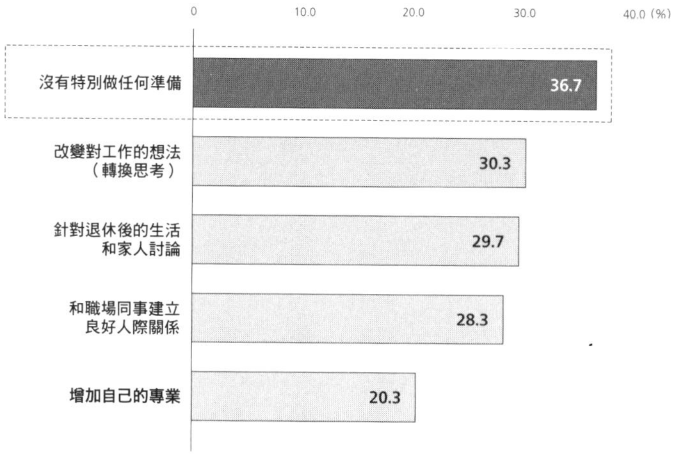

無論卸除職務或是繼續受雇，多數人都「毫無準備」

出處：石山恒貴、PERSOL企管顧問公司（2017）中高齡上班族發展實情調查

備，當然也就沒有必要把它當成問題拿來討論。但是實際上似乎不是這樣。接下來就讓我們來看**「準備不足」所帶來的各種「遺憾」**。

〔圖表6-21〕是後悔「早知道退休前應該準備好」的事情。

很有意思的是，當中比例最高的，竟然是「針對退休後的生活和家人討論」。由此可以推測，退休之後，家人之間彼此的瞭解落差也會跟著被搬上檯面，導致出現現實衝擊。因此，**針對退休後所做的實際職涯預覽（RCP），最好應該和家人一起進行**。

「打算再工作幾年？」

◉ 圖表6-21　退休後「後悔」當初沒有做的事

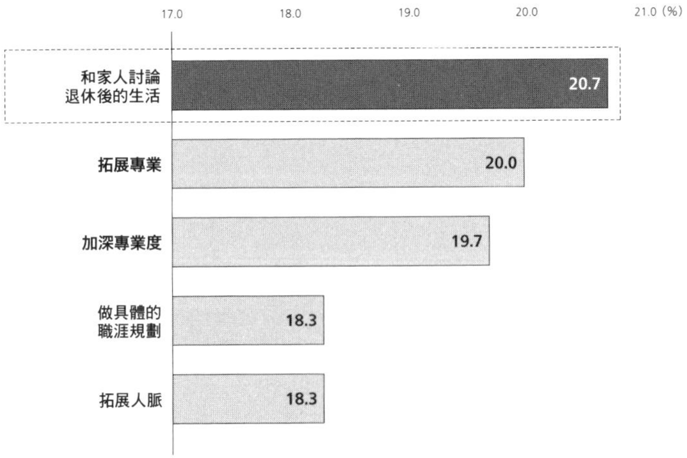

留意別讓家人產生「怎麼會這樣！」的心情

出處：石山恒貴、PERSOL企管顧問公司（2017）中高齡上班族發展實情調查

「收入會減少多少？」
「父母的照護問題打算如何安排？」
「可以拿到多少退休金？」
「房貸還剩多少沒有償還？」
「閒暇時想做些什麼？」

許多即將面臨退位的人，之所以不願意事先和家人討論這些問題，可能是因為**不想讓家人知道「年收入將大幅減少」的事實**。一方面可能是不想讓家人為錢煩惱，另一方面也可能是因為在家人面前的虛榮心和自尊心作祟。

不過實際上，事後才得知狀況出現巨變，對家人來說衝擊更大，造成家人之間的感情出現裂痕。這或許就是「後悔沒有跟家人討論」的比例為什麼最高的原因。為了不重蹈前輩們的覆轍，記得一定要針對包含收入在內的退休計畫，事先明確地和家人討論。

為什麼退休之後會後悔自己「專業不足」？

另一個重點是排名第二和第三的**「專業度」**。為什麼退休的人會後悔「早知道就更拓展／加深自己的專業」呢？

仔細想想可能會覺得匪夷所思，不過這也可能是因為以下的原因。

如同〔圖表6-17〕（P273）所示，**有近三成的人會考慮在退休後「轉換跑道」或「創業」**。

由於「說不定自己以後也能獲得升遷」這種「日本型雇用中的利誘因子」，對繼續受雇的人已經失去作用，因為才會有不少人考慮趁著退休的機會「改變職場或工作」。

就在這個時候，中高齡員工才第一次意識到「自我能力」的缺乏。

四十多年的辛苦努力，就算為眼前的工作拚了老命，所得到的知識和能力，也幾乎很難直接運用在「公司以外的地方」。

「早知道就去考證照，讓自己有多一點選擇可以轉換跑道……」

「早知道就多累積一些其他領域的工作經驗，現在也方便自己創業……」

要想避免這些後悔，還是必須透過跨界學習才行。因此，各位不妨別把自己局限在公司裡，而是在「本業」和「本業以外」多多嘗試，增加自己的學習經驗和深度。

籠罩中高齡期的「迷霧」頓時消散

以上介紹了退休後繼續受雇的人會面臨到的「現實」。退位也好，繼續受雇也好，基本上都會遭遇許多嚴峻的未來，因此有人或許會感到絕望。

不過，其實完全不需要感到悲觀。這一點就是新進員工不可缺少的實際工作預覽（RJP），和有助於中高齡員工的實際職涯預覽（RCP）兩者之間關鍵性的差異。

實際工作預覽（RJP）的重點在於幫助新進員工瞭解進入公司之後可能會面臨到的現實問題，藉此先做好心理準備（P58）。

相對的，實際職涯預覽（RCP）能夠透過事先預知將來的衝擊，一步一步確實地改變現在自己的行動和思考。

換言之，**面對將來總有一天會面臨到的現實，自己也能改變它，而不再只是咬緊牙關地接受和忍耐**。

最後，讓我們用稍微不一樣的角度來看另一個數據。〔圖表6-22〕是退休後繼續受雇後的「感受」。

相較於「提不起幹勁」、「無法接受薪資減少」等負面感受，值得注意的是排名第二的「壓力不再，心情變輕鬆了」的正面轉變。

這表示，**原本籠罩中高齡的「憂鬱」已逐漸消散**。由此可知，「退休後繼續受雇」這樣的職涯轉變，可以讓上班族從「日本型雇用的魔咒」中獲得釋放。

◉ 圖表6-22　退休後繼續受雇後的「感受」

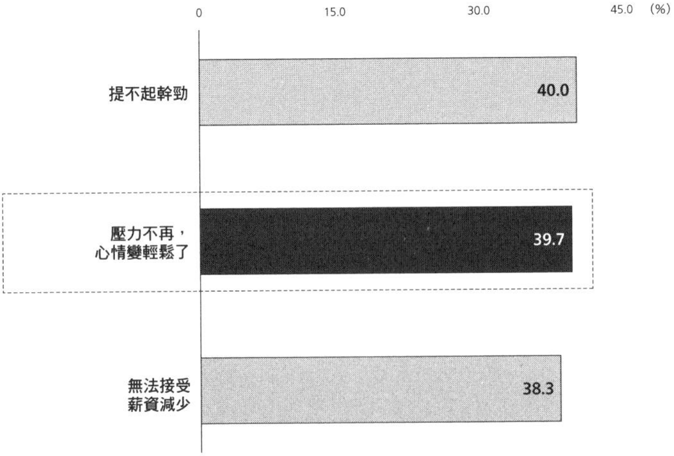

「中高齡憂鬱」頓時獲得排解？！

出處：石山恒貴、PERSOL企管顧問公司（2017）中高齡上班族發展實情調查

高齡期意想不到的「上升氣流」

退休後最常見的變化，不只有主觀的「如釋重負」的感覺。

本書一開始曾介紹過「不同年齡層的工作表現」（P38）的數據。在這裡，我們把「60歲以後」也放進來一起分析（〔圖表6-23〕）。

出乎意料地，**工作表現在退休當下經歷過一小段的「低潮」之後，接著便是一路攀升**（要特別留意的是，按道理原本應該是比較退休前後的工作表現差異，但是因為不是所有人退休之後都選擇繼續受雇，所以在這裡無法單純做比較）。

從同期競爭和管理職的重擔中獲得釋

◉ 圖表6-23　工作表現（40～67歲）

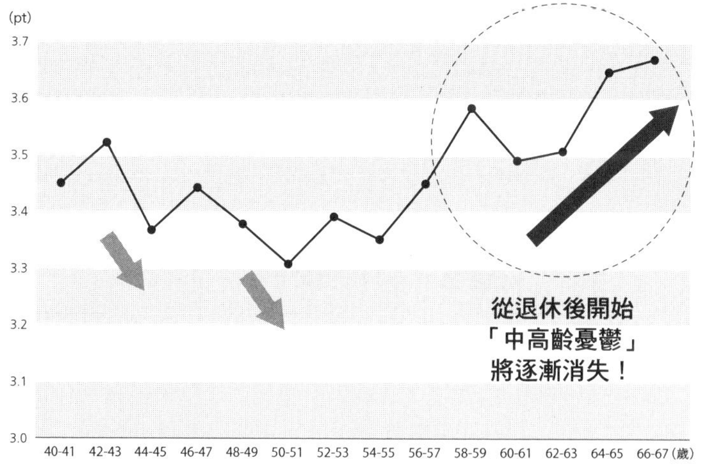

為高齡開始的「上升氣流」做好準備吧！

出處：石山恒貴、PERSOL企管顧問公司（2017）中高齡上班族發展實情調查

放之後，過去累積的知識和經驗將一口氣全部發揮作用，開始為工作表現帶來正面影響——這或許才是中高齡真正期待見到的「未來」吧。

假設是這樣，中高齡更應該提升自走力。

不管退休後要留在現在的公司繼續工作，還是轉換跑道或創業，或是投入興趣和悠閒的老後生活中，這一點都一樣。

因為，自己和家人接下來的人生，一切都取決於**在將來高齡期的「上升氣流」開始出現之前，你能為自己提升多少前進的能力**。

REFLECTION

□關於退休後的「預測」，你是否已經和家人（另一半、孩子、父母等）討論過了？假使還沒有，你會優先告知家人哪方面的訊息？

□請填寫反思清單中「將來」的部分，包含退位和退休。以這樣的未來為目標，你認為自己現在擁有多少「自走力」呢？

EPILOGUE
讓自己可以驕傲地說出「我的職業生涯過得真精采！」

這本書是整體研究計畫與出版計畫兩階段企劃的結晶，而這一切，並非靠我自己一人完成，我只是剛好作為執筆團隊的代表掛名在書封上罷了。不過，能夠參與這一次的計畫，多少還是有點命運安排的感覺。

六年前、四十八歲那一年，我從「人事實務專家」的身分，轉變成為「人才培育研究人員」。當時我正好處於中高齡期。我很幸運地可以投入自己喜歡的領域，所以直到現在，每天都還是充滿幹勁地面對工作。

不過即便如此，說我完全沒有感到任何一絲的無力感是騙人的。過去的實務經驗雖然讓我的研究不至於毫無頭緒，不過當問題進入到社會科學解決的階段時，其中的深奧還是讓我挫敗連連。

研究生涯起步較晚的我，每天很努力加強自己的專業，只希望能夠多少追上前輩們的腳步。只不過，不管是文獻探討、分析方法、考察的邏輯架構等所有一切的成果，全都必須靠研究人員平時的積累，因此不論我再怎麼努力，始終只看見自己的不足。有時候甚至會覺得自己果然還是太晚起步，現在才開始投入研究的領域，或許真的行不通吧……為此感到無所適從。

事實上，我以前就曾被告知會有這樣的將來。當初想投入研究領域時，過去在職研究所的恩師就曾經給了我這樣的建議：

「在你成為研究人員之後，一定會對自己感到焦慮。即使如此，也別拋棄自己過去身為實務專家的經驗而一心只想當個厲害的研究人員。這樣只會讓你急著想彌補自己在研究方面的不足。千萬別忘了自己的優勢。努力學習當個研究人員當然很重要，但你也要思考如何結合自己的實務經驗。這樣一來，你就能成為一個擅用自己優勢的研究人員。」

現在再回頭想想，恩師的這番話，我之前一直都聽不進去，只看見自己在研究方面的經驗不足，一心只想「彌補自己的弱點」。

不過，藉著這一次「中高齡上班族發展」的研究計畫，我的心境開始出現微妙的轉變。

參與這個計畫的人非常多，包括負責企劃和進行調查的研究團隊、調查公司、出版社、職涯諮商師等。和這些人合作的過程中讓我感覺到，大家都不單純只是把這當成工作，反而是秉持著想解決「自己的問題」的心情和熱情在面對這次的計畫。

而且，不只是這些提供協助的人們，許多知道這項調查計畫的中高齡上班族，也都紛紛寄予非常高的期待。

「我們一定可以繼續作戰，只是不知道為什麼卻做不到。如果有什麼方法可以改變這樣的情況，請一定要讓我們知道！」

當我體會到包含我在內的多數中高齡上班族都是這樣的心情之後，我又重新回過頭去思考當初恩師所說的話。

「即便在研究上我的能力不足，但過去身為實務人員，我擁有許多第一線的實際經驗，加上現在正處於中高齡期，所以我可以利用這些，為這個計畫做出我的貢獻。這或許就是研究和實務經驗的『結合』吧。」

至於最後我究竟做到了多少，目前我還不知道。

不過我想，對我來說，能夠參與這個計畫實在非常幸運。

接下來是直接催生出這本書的書籍企劃團隊。這個團隊包含我在內，一共有四名成員。

立教大學的助理教授（PERSOL企管顧問公司成員）田中聰先生，從過去就一直是我在人才培育相關議題上的夥伴。他是這一次調查和書籍企劃的主導人物，同時也是給我機會參與這次企劃的主事者。

小林祐兒先生是PERSOL企管顧問公司的研究室主持人，他一手包辦了調查分析和結果呈現的工作。他不只是資料分析的專家，在社會科學乃至於雜學方面的造詣也相當深厚。多虧有了他，本書的數據呈現才能如此簡單明瞭。

本書的責任編輯是鑽石社的藤田悠先生。除了編輯的工作以外，他也加入執筆團隊，貢獻非常大的努力。本書最重要的部分，也就是如何以一般讀者容易理解的方式，呈現我們的分析與考察，全都是他經過深思熟慮後做出來的呈現。

這四個人當中，只要少了任何一個人，這本書都無法完成。毫無疑問的，我們四個人在共同努力中，甚至在彼此意見的碰撞與磨合中，激發出了超越人數的智慧。換言之，這本書結合了執筆團隊所有人的力量。能夠參與這樣的創作，實在非常幸運。

另外，在整個計畫當中，和小林先生一同完成調查數據的複雜分析的人，是PERSOL企管顧問公司的青山茜小姐。青山小姐對於操作統計分析軟體有著無比興趣，因此這份工作對她來說是再適合不過了。

至於本書中關於職涯方面的內容，全都是根據「Lifecareer Research」執行長北川佳壽美小姐所提供的指導，因為他在中高齡上班族職涯諮商方面，擁有相當寶貴的經驗。

這整個計畫的負責人是PERSOL企管顧問公司的副總經理櫻井功先生。櫻井先生是我過去在第一線工作時某家公司的前輩，一直以來我都對他的企劃能力深感敬佩。這一次的計畫，同樣多虧了他的企劃能力才得以實現。另外，我也要藉此機會感謝主持這次計畫的PERSOL企管顧問公司執行董事兼總經理澀谷和久先生。

這整個計畫是個「產學合作」計畫，由旭化成科技股份有限公司，與先峰股份有限公司（Pioneer）共同協助完成。在這裡，我要向兩家公司提供協助的相關人員致上由衷的感謝。

尤其是旭化成公司的三橋明弘先生、高橋亞紀小姐，以及先鋒公司的岩下淳先生和齋藤進先生。他們為計畫的研究提供了全方位的協助。三橋先生從過去就是我的夥伴，我們經常一起邊喝酒邊討論企業在職涯開發方面的發展。齋藤先生不受年齡拘束，擁有許多跨界學習的經驗，甚至最近才回到在職研究所繼續進修。

我也要感謝我的研究生，他們經常給予我想法上的刺激。特別是在二〇一七年的研究生合宿活動中，我們拜訪了岐阜縣中津川市的加藤製作所，考察了六十歲以上新聘員工的實際工作狀況（加藤製作所認為「退休人員是另一批剛畢業的新進員工」，他們雇用了六十歲以上的員工，讓他們在飛機零組件等專業製造工程方面發揮所長。

關於這種特殊作法，各位也可在網路上查到相關報導（＊41）。

透過那一次的考察，我們更加確定了人無論到了幾歲，都可以迎接全新的挑戰，並且從中獲得成長。對此尤其要感謝長期以中津川市等地為中心進行高齡雇用研究，並且將我們引介給加藤製作所的研究生岸田泰則先生。

身為人才培育的研究人員，我相信人的成長有無限的可能。事實上，根據最新的研究結果，多數人的智能和身體能力，即使到了高齡也能繼續維持，視條件不同，有的人甚至變得更好（＊42）。

現在我們恐怕必須重新檢討「高齡＝只剩下逐漸衰退」的觀念。同樣地面對中高齡期也是。「自己已經不再成長」——正因為有這種心態，所以才會出現「些微的差距」。

如何讓工作更順利、怎麼做才能對職涯抱持信心——這些光靠實力和努力是不夠的。運氣、機遇、人脈、人生事件等，「些微的差距」都會影響甚大。有些人懂得藉此掌握機會，也有人會因此掉入「迷霧」和「谷底」中。

但是，造成這種差距的，有時候只是「偶然」。如果告訴自己「人到了中高齡期就不再成長」，這麼一來，原本「些微的差距」只會逐漸擴大。只是因為這樣，職業生涯的最後一段路便就此陷入低潮，實在很可惜。

在這一次的調查中可以發現，中高齡繼續獲得成長的人和停止成長的人，兩者的行為差距，從數據上來看並不大。獲得成長的人所採取的行動，其實意外地簡單。只要擁有正面的「信心」，相信自己接下來也能繼續成長，一定可以找回你的「自走力」。

透過本書，如果可以帶領各位開始重新找回「自走力」，對我們所有計畫成員來說，就是最開心的一件事。

最後，我經常在家裡的餐桌上寫作，這一次同樣也是。坐在餐桌上，聽著家裡的聲音，似乎可以讓我下筆如有神助。所以，關於佔據餐桌這件事，我也要感謝願意包容我的家人。

寫於前往法政大學研究所靜岡校區授課的新幹線上

二〇一八年十一月一日
石山恒貴

◉ 採樣類型(主要調查)

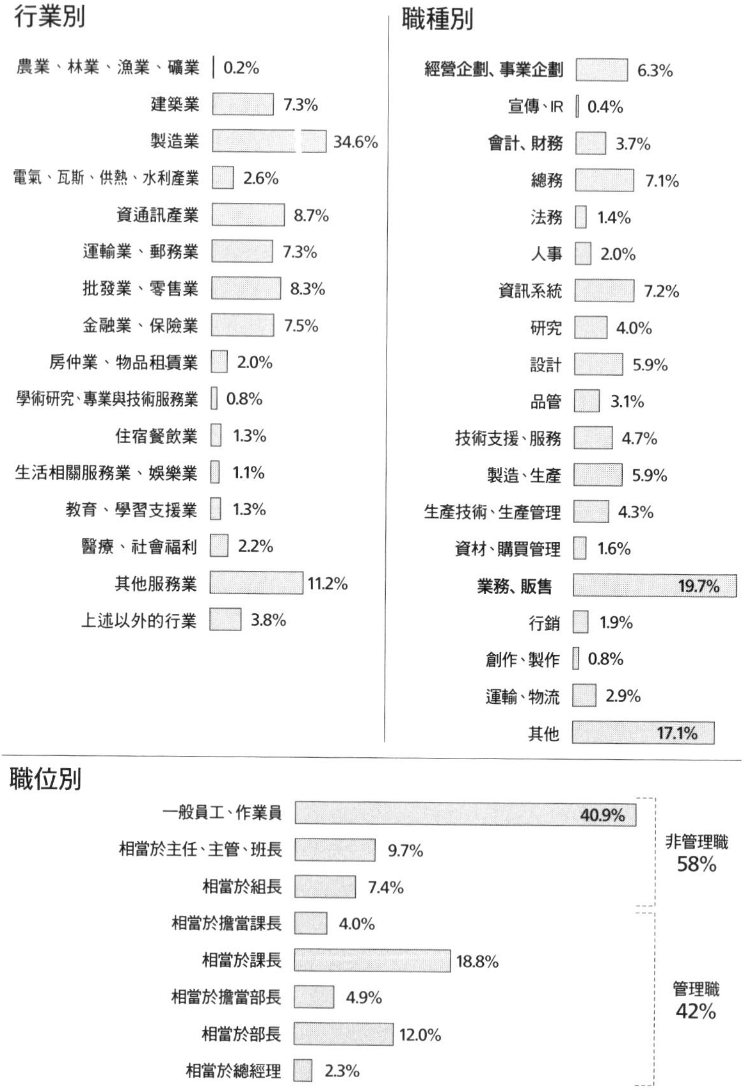
行業別
農業、林業、漁業、礦業 0.2%
建築業 7.3%
製造業 34.6%
電氣、瓦斯、供熱、水利產業 2.6%
資通訊產業 8.7%
運輸業、郵務業 7.3%
批發業、零售業 8.3%
金融業、保險業 7.5%
房仲業、物品租賃業 2.0%
學術研究、專業與技術服務業 0.8%
住宿餐飲業 1.3%
生活相關服務業、娛樂業 1.1%
教育、學習支援業 1.3%
醫療、社會福利 2.2%
其他服務業 11.2%
上述以外的行業 3.8%
職種別
經營企劃、事業企劃 6.3%
宣傳、IR 0.4%
會計、財務 3.7%
總務 7.1%
法務 1.4%
人事 2.0%
資訊系統 7.2%
研究 4.0%
設計 5.9%
品管 3.1%
技術支援、服務 4.7%
製造、生產 5.9%
生產技術、生產管理 4.3%
資材、購買管理 1.6%
業務、販售 19.7%
行銷 1.9%
創作、製作 0.8%
運輸、物流 2.9%
其他 17.1%
職位別
一般員工、作業員 40.9%
相當於主任、主管、班長 9.7%
相當於組長 7.4%
相當於擔當課長 4.0%
相當於課長 18.8%
相當於擔當部長 4.9%
相當於部長 12.0%
相當於總經理 2.3%
非管理職 58%
管理職 42%

關於本書數據

◉ 調查概要

本書數據除了有註釋的以外，皆以「主要調查」和「補充調查」為依據。

目的	釐清中高齡上班族對於工作方式的想法與實際狀況，並探討提升中高齡發展的方法與啟發。
方法	網路調查
採樣數	合計 4732 人 ●主要調查：3200 人 （主要調查）40 ～ 69 歲正職員工（60 歲以上包含退休後繼續受雇者） —2000 人／ 50 歲以上有過退位經驗的人 —300 人　※（共同條件）企業規模員工 300 人以上 （補充調查）年輕主管—300 人／前輩下屬—300 人／ 60 歲以上、退休後繼續受雇者—300 人 ●初步調查：1532 人 國內製造業 A 公司—470 人／國內製造業 B 公司—1062 人
日期	主要調查：2017 年 5 月／補充調查：2017 年 11 月
調查負責單位	PERSOL 企管顧問公司／法政大學石山研究所

◉ 標準

調查用的問卷中，事先透過先行研究針對以下問題項目進行參考、引用。

「成就感與工作意義等看待工作的態度、與職場同事之間的關係」JILPT. (2003). 組織的診斷與活化之基礎標準之研究開發——HRM 清單。

「與上司之間的關係（LMX 標準）」松浦佳、野村忍；(2009)；Multidimensional Measure of Leader-Member Exchange 日文化與信效度檢定；日本心理學會第 73 屆大會。

「認知職涯潛力」山本寬；(2006)；《昇進の研究——キャリア・プラトー現象の観点から》；創成社

「五大性格特質」小塩真司、阿部晉吾、Pino Cutrone；(2012)；Ten Item Personality Inventory (TIPI-J) 日文化；《パーソナリティ研究》；21(1)，40-52。

「工作表現」Williams, L. J., & Anderson, S. E. (1991). Job Satisfaction and Organizational Commitment as Predictors lf Organizational Citizenship and In-Role Behaviors. *Journal of Management*, 17(3), 601-617.

「存在感」中村准子、岡田昌毅；(2016)；企業員工職業生活之心理存在感相關研究；《產業・組織心理学研究》，30(1)，45-58。

「經驗學習」木村充；(2012)；有助於提升職場工作能力之經驗學習方法——經驗學習模式相觀實證研究；中原淳（編）；《職場学習の探求》；生產性出版

＊15　Savickas, M. (2011). Career Counseling. American Psychological Association.（邦訳：マーク・サビカス［著］・日本キャリア開発研究センター［監訳］・乙須敏紀［訳］. キャリア・カウンセリング理論 . 福村出版）
＊16　PwC. (2015). *The Female Millennial: A New Era of Talent.* [https://www.pwc.com/jp/en/japan-news/2015/assets/pdf/female-millennial-a-new-era-of-talent150311.pdf].
＊17　パーソル総合研究所 . (2018). 働く 1 万人の就業・成長定点調査 .
＊18　Kelley, R. E. (1988). In Praise of Followers, *Harvard Business Review,* 66(6), 142-148.
＊19　梅本龍夫 . (2015). 日本スターバックス物語――はじめて明かされる個性派集団の挑戦 . 早川書房 ; 梅本龍夫 . (2015). スタバ、以心伝心で店舗現場の問題解決！目を輝かせ助け合う店員たちの奇跡 . *Business Journal.* [https://biz-journal.jp/2015/08/post_10956.html]; 梅本龍夫 . (2015). 日本スターバックス成功の舞台裏（FBAA 第 20 回セミナー）. *FamiBiz.* [http://famibiz.jp/wp/632/].
＊20　P. ハーシィ／D. E. ジョンソン／K. H. ブランチャード［著］・山本成二／山本あづさ［訳］. (2000). 入門から応用へ 行動科学の展開【新版】――人的資源の活用 . 生産性出版 .
＊21　Burns, J. M. (1978). *Leadership. HarperCollins.*
＊22　Northouse, P. G. (2016). *Leadership: Theory and Practice. Sage.*
＊23　中村准子 , 岡田昌毅 . (2016). 企業で働く人の職業生活における心理的居場所感に関する研究 . 産業・組織心理学研究 , 30(1), 45-58.
＊24　安田雪 . (2004). 人脈づくりの科学――「人と人との関係」に隠された力を探る . 日本経済新聞社 .
＊25　Lewis, K. (2004). Knowledge and Performance in Knowledge-worker Teams: A Longitudinal Study of Transactive Memory Systems. *Management Science*, 50(11): 1519-1533.
＊26　石山恒貴 . (2013). 実践共同体のブローカーによる、企業外の実践の企業内への還流プロセス . 経営行動科学 . 26(2), 115-132; 石山恒貴 . (2016a). 企業内外の実践共同体に同時に参加するナレッジ・ブローカー（知識の仲介者）概念の検討 . 経営行動科学 . 29(1), 17-33.
＊27　労務行政研究所 . (2016). 40 代・50 代社員の課題と役割に関するアンケート . [https://jinjibu.jp/article/detl/rosei/1725/4/].
＊28　Edmondson, A. C. (2012). *Teaming: How Organizations Learn, Innovate, and Compete in the Knowledge Economy.* John Wiley & Sons.（邦訳：エイミー・C・エドモンドソン［著］／野津智子［訳］. (2014). チームが機能するとはどういうことか . 英治出版 .）
＊29　エイミー・C・エドモンドソン . 前掲書 . p.158.
＊30　エイミー・C・エドモンドソン . 前掲書 . pp.163-164.［一部、著者改変］

注釈

＊01　一般社団法人プロフェッショナル＆パラレルキャリア・フリーランス協会 . (2018). フリーランス白書 2018. [https://blog.freelance-jp.org/survey2018/].

＊02　パーソル総合研究所・中央大学 . (2018). 労働市場の未来推計 2030. [https://rc.persol-group.co.jp/news/files/future_population_2030_2.pdf].

＊03　Wanous, J. P. (1992). *Organizational Entry: Recruitment, Selection, Orientation, and Socialization of Newcomers.* Prentice-Hall.

＊04　Phillips, J. M. (1998). Effects of Realistic Job Previews on Multiple Organizational Outcomes: *A Meta-analysis. Academy of Management Journal, 41(6), 673-690.*

＊05　藤本雅彦 . (2018). 若手社員を一人前に育てる――「スタンス」と「スコープ」が人を変える！ . 産業能率大学出版部

＊06　ミドル・シニアのジョブ・パフォーマンスを測定する項目としては、「①任された役割を果たしている」「②担当業務の責任を果たしている」「③仕事でパフォーマンスを発揮している」「④会社から求められる仕事の成果を出している」「⑤仕事の評価に直接影響する活動には関与している」を採用し、「あてはまる」～「あてはまらない」を５件法で測定した。Williams, L. J., & Anderson, S. E. (1991). Job Satisfaction and Organizational Commitment as Predictors of Organizational Citizenship and In-Role Behaviors. *Journal of Management*, 17(3), 601-617. で用いられているIRB（In-Role Behavior）尺度のうち、逆転項目２つを除いた５項目を採用。

＊07　Chao, G. T. (1988). The Socialization Process: Building Newcomer Commitment. *Career Growth and Human Resource Strategies*, 31-47.

＊08　山本寛 . (2001). 昇進の研究 . 創成社 . ／加藤一郎・鈴木竜太 . (2007). 30 代ホワイトカラーのキャリア・マネジメントに関する実証研究――ミスト＝ドリフト・マトリクスの視点から . 経営行動科学 . 20(3), 301-316.

＊09　山本寛 . (2016). 働く人のキャリアの停滞――伸び悩みから飛躍へのステップ . 創成社 .

＊10　パーソル総合研究所 . (2018). 働く１万人の就業・成長定点調査 .

＊11　Wrzesniewski, A., & Dutton, J. E. (2001). Crafting a Job: Revisioning Employees as Active Crafters of Their Work. *Academy of Management Review*, 26(2), 179-201.

＊12　田中聡・中原淳 . (2018).「事業を創る人」の大研究 . クロスメディア・パブリッシング

＊13　White, M. (1986). Negative Explanation, Restraint, and Double Description: A Template for Family Therapy. *Family Process*, 25(2), 169-184.

＊14　Hoffman, R., Casnocha, B., & Yeh, C. (2014). *The Alliance: Managing Talent in the Networked Age*. Harvard Business Press.（邦訳：篠田真貴子［監訳］・倉田幸信［訳］. ALLIANCE　アライアンス――人と企業が信頼で結ばれる新しい雇用 . ダイヤモンド社）

＊31　Duhigg, C. (2016). What Google Learned from Its Quest to Build the Perfect Team. *New York Times,* Feb. 25, 2016. [https://www.nytimes.com/2016/02/28/magazine/what-google-learned-from-its-quest-to-build-the-perfect-team.html].
＊32　エイミー・C・エドモンドソン . 前掲書 . pp.181-190.［一部、著者改変］
＊33　石山恒貴・インテリジェンス HITO 総合研究所 . (2014). 中高年のキャリアと学び直し調査──“人生の正午”40 代で取り組むべきこと .[https://rc.persol-group.co.jp/column-report/201410081312.html].
＊34　石山恒貴 . (2018). 越境的学習のメカニズム . 福村出版 .
＊34　Kolb, D. A. (1984). *Experiential Learning: Experience as the Source of Learning and Development.* Prentice-Hall.
＊36　石山恒貴 . (2018). 越境的学習のメカニズム . 福村出版 .
＊37　ライフシフトラボホームページ . [http://www.lifeshiftlab.com/].
OBP アカデミアホームページ . [https://obp-ac.osaka/index.html].
勉強カフェホームページ . [https://benkyo-cafe-osaka.com/].
＊38　石山恒貴 . (2018). 副業を含む社外活動とジョブ・クラフティングの関係性──本業に対する人材育成の効果の検討 . 日本労働研究雑誌 , 60(691), 82-92.
＊39　日本経済団体連合会 . (2015). 中高齢従業員の活躍推進に関するアンケート調査結果 . [http://www.keidanren.or.jp/policy/2016/037_honbun.pdf].
＊40　厚生労働省 . (2017). 平成 29 年「高年齢者の雇用状況」.
＊41　石山恒貴 . (2018). シニアが変えた「奇跡の町工場」──加藤製作所の働き方改革 . IT メディア . [http://www.itmedia.co.jp/business/articles/1809/21/news017.html].
＊42　髙山緑・小熊祐子 . (2015). 老年学から加齢を再考する . NIRA 政策レビュー . No. 64.

田中聰（Satoshi Tanaka）

立教大學經營學院助理教授／PERSOL企管顧問公司成員
曾任職於「Intelligence」公司（現「PERSOL CAREER」公司）事業部，2010年參與創立「Intelligence HITO」綜合研究所（現PERSOL企管顧問公司），擔任智庫本部主任研究員，2018年轉調現任職務。
專長為經營學習論與人才資源開發論。主要研究主題包括「創立新規事業人才之培育與組織開發」、「中高齡人才管理」、「大學領導能力教育」等。
經營學習研究所理事。東京大學研究所學際情報學府博士課程。
主要著作有《「事業を創る人」の大研究》（合著）、《人材開発研究大全》（分擔執筆）等。主要論文有「新規事業創出経験を通して中堅管理職の学習に関する実証的研究」《経営行動科学》30.1(2017):13-29等。

小林祐児（Yuji Kobayashi）

PERSOL企管顧問公司智庫本部調查部主任研究員。
上智大學研究所綜合人類科學院社會學專攻博士前期課程修畢。曾任職於NHK放送文化研究所輿論調查部、綜合行銷研究。
專長為理論社會學、社會系統理論。主要研究主題包括「臨工、兼職職場的管理」、「長時間勞動之修正」等。
主要著作有《残業学　明日からどう働くか、どう働いてもらうのか？》（合著）、《アルバイト・パート〔採用・育成〕入門》（合著）、《マーケティング・リサーチの基本》（分擔執筆）等。

執筆團隊簡歷

石山恒貴（Nobutaka Ishiyama）

法政大學研究所政策創造研究系教授。
一橋大學社會學院畢業，產業能率大學研究所經營情報學研究系經營情報學專攻碩士課程修畢，法政大學研究所政策創造研究系政策創造專攻博士後期課程修畢、博士（政策學）。
一橋大學畢業後，先後曾任職於NEC、GE、美商生命科學公司，最後投入現職。研究領域包括「跨界學習」、「職涯開發」、「人力資源管理」等。
人才培育學會理事、「Professional & Parallel Career Freelance」協會諮詢委員、早稻田大學大學綜合研究中心客座研究員、NPO Network "right to a career" 課程開發委員長、「Socialist 21st」理事、全國產業人能力開發團體聯合會特別會員。
主要著作包括《越境的学習のメカニズム》、《パラレルキャリアを始めよう！》。主要論文有 "Role of Knowledge Brokers in Communities of Practice in Japan." *Journal of Knowledge Management* 20.6(2016): 1302-1317等。

PERSOL 企管顧問公司

「PERSOL」集團中的智庫管理顧問公司，負責調查研究、組織人事諮商、人才管理系統、員工進修的提供與實施，協助員工與組織的持續成長。

PERSOL企管顧問公司運用本計畫的研究成果研發了一套
研修／諮商的服務，有興趣的人可透過以下管道進一步詢問：
persolinfo@persol.co.jp

職業生涯不留遺憾的40歲後的工作術 / 石山恒貴作；賴郁婷譯. -- 初版. -- 臺北市：春天出版國際文化有限公司, 2023.12
面 ； 公分. -- (Progrcss ; 28)
譯自：会社人生を後悔しない40代からの仕事術
ISBN 978-957-741-536-3(平裝)
1.CST: 職場成功法 2.CST: 工作效率

494.35 111006585

職業生涯不留遺憾的40歲後的工作術

会社人生を後悔しない40代からの仕事術

Progress 28

者◎石山恒貴
者◎賴郁婷
編 輯◎莊宜勳
編◎鍾靈
版 者◎春天出版國際文化有限公司
址◎台北市大安區忠孝東路4段303號4樓之1
話◎02-7733-4070
真◎02-7733-4069
－mail◎frank.spring@msa.hinet.net
址◎http://www.bookspring.com.tw
落 格◎http://blog.pixnet.net/bookspring
政帳號◎19705538
名◎春天出版國際文化有限公司
律顧問◎蕭顯忠律師事務所
版日期◎二〇二三年十二月初版
價◎360元

總 經 銷◎楨德圖書事業有限公司
地 址◎新北市新店區中興路2段196號8樓
電 話◎02-8919-3186
傳 真◎02-8914-5524
香港總代理◎一代匯集
地 址◎九龍旺角塘尾道64號 龍駒企業大廈10 B&D室
電 話◎852-2783-8102
傳 真◎852-2396-0050

ISBN 978-957-741-536-3